花降

爱我一下你会死吗

原草 著

中国农业大学出版社
·北京·

图书在版编目（CIP）数据

花驿/原草著.－北京：中国农业大学出版社，2012.1
ISBN 978-7-5655-0446-4

Ⅰ.①花…　Ⅱ.①原…　Ⅲ.①植物－青年读物 ②植物－少年读物
Ⅳ.①Q94-49

中国版本图书馆CIP数据核字（2011）第238444号

书　　名　花驿——爱我一下你会死吗
作　　者　原草 著

责任编辑	张 蕊　张 玉	**责任校对**	陈 莹 王晓凤
封面设计	时插映画工作室		
插　　画	高 婧		
出版发行	中国农业大学出版社		
社　　址	北京市海淀区圆明园西路2号		
邮政编码	100193		
电　　话	发行部 010-62818625，8525	读者服务部	010-62732336
	编辑部 010-62732617	出 版 部	010-62733440
网　　址	http://www.cau.edu.cn/caup	e-mail	cbsszs@cau.edu.cn
经　　销	新华书店		
印　　刷	涿州市星河印刷有限公司		
版　　次	2012年2月第1版　2012年2月第1次印刷		
规　　格	880×1230　32开　4.5印张　90千字　彩插7		
定　　价	28.00元		

前 言

《花驿——爱我一下你会死吗》讲的是一个植物“控”——高中女孩的初恋故事。

花驿，即鲜花驿站，从1月到12月，每月都有开花的植物（大都是木本）。

初恋是美好的。初恋是单纯的。但更多时候，初恋是一种不确定的朦朦胧胧的情愫，因此，叫人纠结。爱情到底是怎样一回事，爱一个人就是为了那个人回爱自己吗？还是爱一个人就是真心爱他（她），无论他（她）是否爱自己……从某种程度上说，本书有助于排解初恋的苦恼。

在即将付梓之际，感谢王忠信先生。

原 草

2011.10.05

一月，草木自己在生长

一月，是寒冷的
一月，是潮湿的
一月，是平静的
一月，是草木自己生长的

二月，阳光漏到尘土上

如果你喜欢一朵花
那么，无论何时何地
你看着一草一木
就感到甜蜜、愉快
仿佛，所有的草木都开着花

三月，春心萌动吐芳华

有的爱情
是等的
有的人
是途中相遇的
有的故事
是不经意间发生的

四月，片片花瓣解人语

没有爱恋
生命是暗淡的
无论你
多么富有，多么美丽
没有记忆
生命是枯涩的
无论你
多么高大，多么强健

五月，超越时空永相伴

我们走着
不想停下来
直到月亮上
我们不能没有爱情
即使时间埋葬了生命
爱情永远是时间的主人

六月，花开花落都是情

为了让你安适
有人把一棵树种在路边
为了让你开心
这棵树在夏天里开花
为了让你怀念
花朵们纷纷坠下
为了让你希冀
种子们整装待发
还记得吗
我们说了些一丢嘴就忘了的话

爱是圣洁的
容不得践踏
爱是自私的
容不得共享

一朵花
匍匐了十个月
爬到树上
一场拥抱
飞奔了三百天
跑到终点

巫师说：它死亡
它死亡了
巫师说：另一个它出生
另一个它出生了
巫师说：他伤悲
他看到了死亡
巫师说：她欢欣
她看到了出生

一月，草木自己在生长

一月，是寒冷的
一月，是潮湿的
一月，是平静的
一月，是草木自己生长的

二月，阳光漏到尘土上

如果你喜欢一朵花
那么，无论何时何地
你看着一草一木
就感到甜蜜、愉快
仿佛，所有的草木都开着花

春天没有到
蜡梅花开门笑

我希望你看见蜡梅花
我希望你看见蜡梅花时
知道
我在想你

赤裸裸的发情——蜡梅

动物有发情期，植物也有。植物的花期就是植物的发情期。

冬天，大多数植物在沉睡，蜡梅却开始了发情。

蜡梅的名字来自腊月里的梅花。所谓腊月，是指农历十二月，古时候也称“蜡月”。单说“腊”字，是岁终的祭名。一年奔忙到头，田事告竣，农事闲散，人们盘点完全年的收支，开始了祭祀活动。因此，腊月是“祭祀之月”。风神、雨神、太阳神、土地神、路神、门神、财神，只要人们能够想象出的神都出来“海吃一顿”，吃饱喝足后，聆听每家每户的感谢之词，并领受来年的任务。

古时候的岁终十二月，在今天是指新年的元月，也就是阳历一月，或者公历一月。公历是现今社会的国际通用的历法。中国是从1949年正式规定公元纪年的。

腊月里的梅花叫腊梅，也叫蜡梅。这就是为什么在植物书上读到——蜡梅是蜡梅科蜡梅属的原因。元旦过后，我的心不由自主地惦念起蜡梅来。它开花了吗？

天蓝得像一首歌。有的惦念一生都不可能实现，才刻在倔犟的骨头里，长在干枯的树枝上，一如蜡梅，又名干枝梅。对我来说，任何惦念都会成为一个故事。

寒假刚刚开始拉开帷幕，我就又惦念着开学。只有在学校，我才能天天看见你。

今天清晨，在人群没有涌动之前，蜡梅最先醒来。蓝天为被，大地为床，一丝不挂的蜡梅，被时间叫醒了。

时间是一位粗暴的恋人。它爱谁是谁，它说了算。在时间面前，蜡梅来不及拒绝就绽放。蜡梅成了时间的恋人。

一月，时间抛开别的草木，在凛冽的风中宠爱蜡梅。

一月是蜡梅的。

蜡梅小档案：

蜡梅，又名腊梅、黄梅花、干枝梅、冬梅、雪梅，学名（拉丁名）*Chimonanthus praecox*。蜡梅是蜡梅科蜡梅属的落叶或半常绿灌木。原产中国。

如果你喜欢一朵花
那么，无论何时何地
你看着一草一木
就感到甜蜜、愉快
仿佛，所有的草木都开着花

新绿在空中飘——绿萼梅

与其他梅花相比，绿萼梅的花萼是绿色的，所以有了这个名，也简称为绿梅。又因为它的花瓣是白色的，人们又叫它白梅。

如果用颜色来形容春天将至的话，那么我选绿色，而非红、黄、蓝、紫等夺目的颜色。绿色是淡雅的、清新的、具有生命感的，最能给予人们春天的气息和生活的希望。

与学校操场一墙之隔的公园有一棵绿萼梅。未等红杏出墙，绿梅先出墙来。在湛蓝的天空下，一根褐绿色的枝条斜斜地向前伸展，上面镶嵌着一朵朵绿萼白花，向我们的校园报知春讯。

下午的大课间，你和老狼“雷打不动”的节目是打篮球。我在绿萼梅的枝下拍花。每天看到你，我就觉得很甜美。拍完绿萼梅，我把镜头转向你。你腾空投篮的瞬间定格在我的小相机里。

篮球跑到我身边。老狼远远地冲我喊。我弯腰捡起篮球。你跑到我面前。我把篮球递你。你说谢谢。蘑菇抬头，意味深长地“杀”我一眼，然后继续看她的电子书。她一眼“杀”来，我的脸立马见了血色。——很羞涩。蘑菇说某人（指我）可以直接把篮球扔过去。我说我是准备扔的呀。蘑菇佯装纯真地说，哦，哦，是吗。我怀着嗔恨心说，是爹！她又点头说，哦，哦，是爹。

蘑菇是我的死党。古人拿植物为友，比如“岁寒三友”指的是松、竹、梅。单说梅，品种极其丰富，可分为四系六类十九型。

四系是：真梅系、杏梅系、樱李梅系、山桃梅系。

真梅系又分三类：直枝类、垂枝类、龙游类。

杏梅系：杏梅类。

樱李梅系：樱李梅类。

山桃梅系：山桃梅类。

绿萼梅在真梅系的直枝类，这一类的品种尤多，按萼色、花型、花色来划分，将其分为绿萼型、宫粉型、朱砂型、江梅型、玉蝶型、洒金型和黄香型。

二月，动物们从冬眠的梦中醒来，一个个蠢蠢欲动。植物们还在萌芽，而绿萼梅率先在空中飘起了新绿。

二月是绿萼梅的。

绿萼梅小档案：

绿萼梅，又名绿梅、白梅，

学名（拉丁名）*Prunus mume* Sieb. var. *viridicalyx* T.Y.Chen。

绿萼梅是蔷薇科李（梅、樱、桃）属的落叶小乔木。原产中国。

漏下来的阳光——迎春

每到迎春开花，我的口头禅是：我真喜欢。我爱。

星期天，早饭没吃，起床后，背着相机朝外跑。要去哪里，没有计划，我是很随机应变的。就这样，我遇见迎春。拍到中午头，我才恋恋不舍地离开。不饿。我太高兴了。这两句也成了我的口头禅。

我已经习惯了不张扬，宛若迎春——能够开花就好。爱一个人，能够爱着就好。其实，很多时候，我都想告诉你“我爱你”，我幻想你读到短信后我们的故事该是怎样的不同，但我努力克制住自己。喜欢你的女生好多，你会知道我是最独特的那一个吗？

迎春花是温暖的。一朵朵、一对对、黄黄的、亮亮的迎春花，仿佛阳光漏在墨绿的枝条上。

它们在寒冬里赤膊上阵，与风、霜、冰、雪展开肉搏战。它们身无盔甲，手无寸铁，只凭着精光的筋骨搭肩并联，坚持着、抗争着。直到风剑在空气中氧化，冰刀在阳光下碎裂，霜、雪不再恋战而遁迹天涯；直到灰暗的牢房破败……这时，春阳来贺，黄花成对排列，酣笑频传。每棵迎春开花都要经历一番波折。它笑到了最后。我爱迎春花。我爱墨绿的枝条。

这种墨绿色的上衣，你在穿。我喜欢。有时候，你脖颈后面的领子一半立着，一半塌着。我也喜欢。

大课间，我悄悄把一朵迎春花夹在你的书里。你回来时，先是诧异，然后笑了，仿佛阳光漏在你脸上——暖暖的，擦也擦不掉。

移居国外，和一个人有关——迎春

迎春的原产地在中国，现在遍及世界各地。你知道它是怎么被“侵占”到国外的吗？说起来，这里面有一段小故事，我讲给你听。

1842年鸦片战争结束后，英国皇家园艺学会派罗伯特·福琼来中国搜集新植物。据说报酬很微薄，但福琼喜爱这份工作。

福琼在中国的经历颇具传奇色彩，可以说九死一生。比如航海北上厦门，时值雨季，险些被狂风暴雨吞没。后来，他辗转到了上海。中国人对外国人极端仇视，叫他“鬼子”。为此，他专门跑到英国大使馆告状。后有人上书给中国清政府。此后，叫老外“鬼子”的人少了，至少不明目张胆地叫。他也不换位想想，英国割走中国香港，开放沿海……叫他“鬼子”算是便宜他了呢。

福琼戴假发，着中国服，担心被人识破，在学会用筷子之前，他不在饭馆吃饭。最后，这位植物猎人进入到上海植物园，花费几个月时间和园艺工人相处，“骗”了一些植物的种子。

应该说，福琼是个不折不扣的植物猎人。他被西方认为是“在中国植物收集史上无可争议地开了新纪元”的人。他把大量的只有中国生长的植物，如荷包牡丹、香忍冬、糯米条等移植英国、印度。他确确实实感受到中国是“花的国度”。他酷爱这些草木，甘愿九死一生。

在这一批批的“移民”植物中，能够在严冬依然散发生机的迎春，尤受福琼的青睐。

1843年福琼把迎春等植物，带回本土。

迎春小档案：
迎春，又名金腰带，
学名（拉丁名）*Jasminum nudiflorum*。
迎春是木犀科素馨属的落叶灌木。原产中国。

三月，春心萌动吐芳华

有的爱情
是等的
有的人
是途中相遇的
有的故事
是不经意间发生的

没有爱恋
生命是暗淡的
无论你
多么富有，多么美丽

没有记忆
生命是枯涩的
无论你
多么高大，多么强健

四月，片片花瓣解人语

桃
在三月里私奔
来到峪下
开花
阳光普照
土地芬芳

最美不过三月——桃

桃树不高不低，桃花不大不小，无论树干和花朵都恰恰好。这是相对于迎春和玉兰而言。再加上桃花盛开，芳菲烂漫，娇艳迷人，自古以来人们将桃花作为春天的代言。

面如桃花的女孩子在春天出嫁，预示着秋天结果。譬如《诗经》里的《桃夭》，“桃之夭夭，灼灼其华。之子于归，宜其室家。”这是一首婚庆时唱的歌。歌词大意是：“这棵少壮的桃树呀，开着红艳艳的花儿。人人见它欢喜。这位美丽的姑娘呀，长着粉嫩嫩的脸儿。人人夸她聪慧。把这么好的姑娘娶回家啊，你必然人丁兴旺，幸福美满。”

在这支迎娶的队伍中，有人专门负责吊嗓子，从姑娘家开口一直吊到夫家。那时候没有汽车，没有高铁，他一路吊下去，腮帮子都提溜成油条了，据说吊到夫家他会另揣红包的。《桃夭》类似“新婚大喜，早生贵子”这样的吉言。现如今，这首婚庆歌被选到中学语文课本里。

古人拿娇嫩而繁茂的桃花比喻即将出嫁的女子。试想一下，男方把桃花女子娶回家，带来的是家庭和顺、人丁兴旺。而蒙了盖头的新娘，一路上单曲回放，沉浸其中，也暗暗期许自己尽职尽责。

我曾拷问，这首诗为什么是“桃夭”而不是“杏夭、梨夭、玉兰夭、迎春夭”？

认真比对过杏花、梨花，才知其中缘由。杏花、梨花不仅花朵小，而且花色过于苍白。用苍白的花比喻14岁左右的女孩子，是不相符的。过于苍白的女孩子给人不健康感，怎么可能婚后人丁兴旺呢？

为什么不用玉兰和迎春比拟？因为玉兰花高高在上，不易近距离看到、嗅到；迎春花虽然低矮，但没有芳菲气息，且花朵过小。玉兰与迎春的花色不宜比喻豆蔻少女。玉兰花是白色，迎春花是黄色，而桃花的粉白或鲜红恰恰可以比喻女孩子。另外，繁茂的桃花过后必然硕果累累。这一点，与女孩子婚后生育又贴切。所以，极具智慧的先人就有了这首《桃夭》，而不是别的什么树。

由此而知，三月自古至今都是桃的。

此时此刻，正赶上桃花鲜嫩，芳香袭人。大课间，我轻唱着下了楼，独自来到香飘如烟的教学楼后面，从桃树上小心摘下一朵桃花。转身，我龙卷风似的跑上楼，轻轻的，轻轻的，把它放进你的书里。

我这颗娇小的心，犹如万马奔腾、狂跳不止。你有没有看到我采摘的桃花?

一个疑虑坠疼了我的心。我没有像拷问《桃夭》那样去拷问那朵桃花。我知道，用不了多久，它会韵断香散尽，蕊缩瓣枯蜷，我只希望在它韵香犹存、灼灼无比的时候，你能亲见、亲闻到啊。

每逢阳春三月，地气回暖。即便你我没有什么想法，桃树是有想法的。——它开它的花，它结它的果。

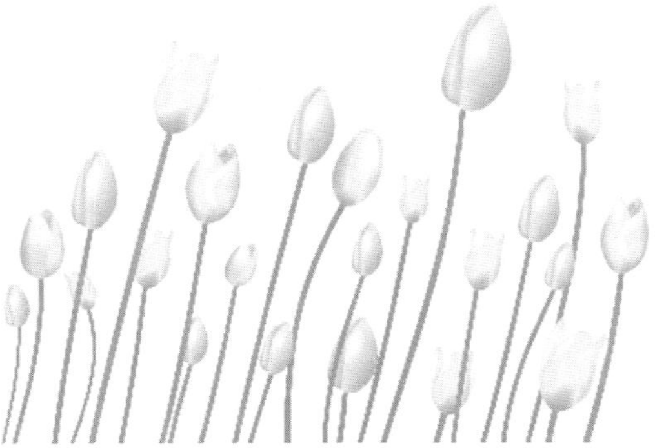

桃小档案：

桃，又名碧桃、观赏桃，

学名（拉丁名）*Prunus persica*。

桃是蔷薇科李属的落叶小乔木。原产中国。

时间是靠不住的——迎春和连翘

初识植物者，老辨不清迎春和连翘。

当初，我也遇到过这个问题。它们都是黄色小花，都是先叶绽放，都是木犀科的。

曾经在书本里翻阅，找到两个识别方法：

一、花不同，迎春是五瓣，连翘是四瓣；

二、花期不同，连翘晚于迎春。

另外，仔细分辨，还有茎和叶的不同。

单说花期。上一年，我观察迎春和连翘，发现连翘有花冒出，以为是一次偶然。今年，又一次发现少数连翘初开。此时，迎春并没有完全绽放，只有极个别的花。所以，从花期鉴别它是迎春还是连翘就不太准确喽。

整体上讲，迎春的花早于连翘。但植物的花期常常有相交部分，比如迎春在二月下旬至三月中旬盛开，连翘在三月中旬怒放，每年三月中旬，可以同时见到它们。尤其南方，花期重叠得更多，在花期相交的日子，鉴别起来更难。再加上温室培育，抹去了时间的功效，花期越加乱了。我经常见到一些人站在连翘面前，对小孩子谆谆教导说，这是迎春花。

通过三年的细致观察，我总结了迎春开花的最佳时期，即每年二月末的后三天与三月初的前四天。过了这七天，迎春花渐渐转衰，早于这七天，迎春花还是横七竖八的小芽芽，像麻雀的喙，沉默地杵着。当然，仅我们所在的城市而言。

随着全球气候的变暖，植物的地理差异变得越来越少，时间变得越来越不可靠。

现实中的植物更有说服力，比如书上写的迎春花是五瓣，而实物大多数是六瓣，因此，我们不要迷信书本，不要迷信权威，不要迷信真理。更不要迷信“我爱你，如果非要给个期限不可，那就是一万年”的漫无边际的话 ——爱得太远，你会抓不到的。

我爱你，用我的今生就够了。你爱我，用你的今生就够了。我们不要来世，只要今生能够相亲相爱、相依相伴。每天，我把作业赶完，然后认真地看你。我越看你，越觉得你好，哪儿都好。你是世界上最好最好的男人，除了我老爸。

我的植物知识是从一点一滴开始积累的。以前看连翘，分不清它和迎春的区别。现在看，觉得自己那时多么可笑。这么大的区别怎么会不识呢。花瓣和枝条一眼就可区分的呀。呵呵，这就是进步。

感谢草木。感谢带给我快乐的点点滴滴。感谢我的人生遇到你。

连翘小档案：

连翘，又名一串金、青翘、黄金条，学名（拉丁名）*Forsythia suspensa*。连翘是木犀科连翘属的落叶灌木。原产中国。

六翼天使——二乔玉兰

在木兰科家族中，二乔玉兰像一只禁闭了一周而放行的小狗，跑在最前面。

每年立春后，冬景渐渐隐退。小草鼓着劲儿拱软泥土，钻出地面。尽管天还冷着呢。

赶早羽化的蝴蝶一睁开眼就翩跹起舞。我的幻想像蝴蝶一样，扑闪着翅膀。终于，你跟我搭讪了。整整一下午和晚上，我在飞。我要好好爱你。像六翼天使一样守候你。

每年的二月下旬，二乔玉兰开花。它是木兰科家族中的先锋——最先绽放花朵。二乔玉兰是紫玉兰和白玉兰“婚”后培育的小乔木。它的花色既有紫玉兰的红，又有白玉兰的白。

我是一个很没有出息的人。我好怀念好怀念你跟我搭讪的那个下午。我的快乐和幸福，你是否都看到了。呵呵，你没看到也没有关系呀，反正阅览室门前的这棵二乔玉兰撞见了。从那天后的数日，阳光明媚，空气清新，我每天都在这棵树下逗留，佯装在数花朵。

你看，这枝弯弯的、白中透红的花苞像不像我，在学新娘羞——既殷殷地盼见新郎，又羞羞地低首掩饰。第二天，这枝学新娘羞的花苞嗤嗤掀起睫毛，不敢抬起眼帘。第三天，它缓缓推开芬芳馥郁的眼帘，露出羞羞的、鲜亮的眼睛，于是，阳光挤进来，它消瘦的身子渐渐丰满。第四天，它噗噗张扬明媚的眼睛寻望梦寐的新郎。第五天，学新娘羞的花苞已经轻灵地展开六个翅膀，不过，在见到新郎之前，它的芳容依然深藏不露，两个翅膀遮住脸面，两个翅膀遮住双脚，另外两个飞翔——寻找心上人。

我以为你会来。我以为我的幻想每次都能实现。在这棵树下，我越来越延长逗留的时间，风吹秋千一样来来回回地摇摆。二乔玉兰的地盘成了黑板下的讲台——全是一个人的脚印。这些碎乱而重叠的脚印推着地球走向黑暗，一个又一个。六翼天使走了。翅膀坠落在地上。

我想，你至少知道有一棵叫二乔玉兰的树，至少知道这棵树正在开花，至少知道你曾经路过这棵树下。

太阳把每一天带走了。你什么都不知道。

二乔玉兰小档案：

二乔玉兰，又名朱砂玉兰，学名（拉丁名）*Magnolia soulangeana*。
二乔玉兰是木兰科木兰属的落叶小乔木。原产中国。

爱你干净的心
爱你火焰一样的激情
当你爱我时
也一样
爱我干净的心
爱我火焰一样的激情

爱吾所爱，永不言悔——紫玉兰

学校门口的紫玉兰迟迟不开花。门卫师傅和我熟识了。每次见师傅，我都告诉他别忘记浇水哦。第一次是三月初，我走到门口，看见树枝上挂着一腰牌，上写广玉兰。我说挂错牌了。他坚持说没错，这就是广玉兰。我说广玉兰开白花，冬季不掉叶子，五月底才开花。这棵是紫玉兰。他不信。我说等过几天，树上长出紫色花苞的时候，就真相大白了。我补充说我是学植物的。他这才将信将疑。他答应等花朵开放，许我站在围栏上拍花蕊。

我面前摊着两本16开本的植物书，每本的厚度赶上《现代汉语词典》了。

同一个学名的紫玉兰，两本书各有各的说法。一本书说“花瓣6，无香气”，另一本书说“花瓣9～12，稍有香气”。

我找出上年的图进行比对，花瓣9。但我仍然确定不了谁是谁非。

也许两本书都没有错，错的是紫玉兰。同科同属的植物，因地理环境不同，存在“个性”差异，捎带着“情感”差异。见不同的人“拧巴着”开不同瓣的花。见第一位，它不高兴，开6瓣；见第二位，它高兴，开9瓣。

我寄希望这棵紫玉兰。别的地儿也有先开花的，花朵亭亭玉立在树上，光光一棵树，我拍不到花蕊。这两天，我琢磨这棵树为什么开得这么迟。我想，大概植物和人一样，是年龄不到吧。另外，它引种才三年，也许是水土不服，有适应期什么的。

昨天上午，跟我老爸去樱桃沟拍樱桃花，我意外拍到一棵矮小的紫玉兰。它刚刚吐露花苞。年幼的紫玉兰帮我排除一个疑问：并非“水土不服，有适应期”之说，而是花期没到。植物过日子，兴许过的是农历。

今天下午，我在外面闲逛，左思右想哪地儿有开花的紫玉兰时，谁知便与它撞个满怀。

学校家属楼西面的这条街道，我远远看着貌似紫玉兰，欣然跑了去。嘿嘿，它和我同住这座城市，遥听我的念叨，怕是早早接上话了——我在这里呀，你看不到，就不要乱讲嘛。

一头扎进这条街，紫玉兰盛开。彼此相撞，何等欢喜！此乃“踏破铁鞋无觅处，得来全不费工夫”。紫玉兰是这条街的行道树，个头不大，长得低矮，任凭我上下、前后选角度对镜头。

可是，有那么一个时刻，我忘记了摁快门，愣愣地望着它，眼睛湿润润的。

眼前这棵紫玉兰，花冠红而不媚，里子白而不苍。无论是这朵含苞静息的，还是那朵渐次苏醒的，骨子里都有一种内敛而赴汤蹈火般的执著。我禁不住怦然心动——我爱你一直到老。我的心像紫玉兰的心——干净，一尘不染；我的爱像紫玉兰的爱——温暖，惠风和畅。

紫玉兰小档案：

紫玉兰，又名木兰、木笔、辛夷，
学名（拉丁名）*Magnolia liliflora*。
紫玉兰是木兰科木兰属的落叶灌木或小乔木。原产中国。

每个人是一本书
当你读我时
我也在读你

每一物种是一本书
当我读它时
它也在读我

读——白玉兰

我不以为自己有什么特异功能。不过，倒是常常有一些感应，当我准备抬头看你时，发现你已经在看我了。或者你看我时，我提前几秒钟预知。比如说，今天的自习课吧，我的思维一刻不停地运转着，突然中断，跳进你来，如同电视剧中情节高潮时插播的广告，作为观众是毫无防备的。我就这样抬眼一看，迎到你厚厚的目光。亲爱的孩子，你真可爱。你知道吗，我忽然希望你是我的孩子，这样我就可以一辈子占有你。

我是一个心细的人。身上的每一次感应我都会铭记在心，并寻找一个理论依据。我认为人与人的大脑之间存在一种名为“想”的介质，用来传递特殊感应。这种例子非我独有，尤其恋爱中人最为司空见惯。这应该属于边缘学科。令我惊讶的是我与植物也存在这种超常的感应。

比如说我和白玉兰。自从三月踏进门槛，我整天惦记着它，一出门就往树上瞅。出寝室门、教室门、食堂门、家门都要往树上瞅。我知道白玉兰该登场了。

昨天返校，可以供我选择的公交路线有三条，我换乘另一条绕了弯的。上了车，有无座位不在考虑范围，我的眼睛“定”到玻璃上。

道路两旁，没有一棵开花的树。公车拐到另一条路上，作为行道树的紫叶李，还不到开花时节。鳞次栉比的门面房，让本来不阔的道路越发窄了许多。

不会有白玉兰了。真的不会有了。我给自己配音。

公交司机开车很牛。玻璃外面的风景一闪而过，我倏地一下听到白玉兰的呼唤。我立马就近靠站下车，往回走。脚步停在一家公司的办公楼前。里面有一个操场大的广场。广场东侧，果然有一棵白玉兰。这家公司的大门不大，那棵白玉兰让临街的一栋大楼挡了个正着，我的耳朵就这样神奇地听到一朵或两朵高高在上的白玉兰花的呼唤。

我很幸运，我的感觉这么好。隔着纷纷扰扰的马路，我能够遥听到它的呼唤。事后，我想，也许是它在我起程时提前预知了我的寻找，才有了后面一段呼唤吧。

在纷纷扰扰的途中，你我不正是这般相遇的吗？和三万人一起参加中招考试，我们还没有见面；和两千人一起报考一所重点中学，我们还不认识；和九百人一起走进这所学校，我们还不知姓名。和六十人共同步入一间教室……这是偶然吗？不，这是因为之前我们有着深切的呼唤和寻找，才有了今天的相遇。

白玉兰小档案：

白玉兰，又名玉兰，学名（拉丁名）*Magnolia denudata*。白玉兰是木兰科木兰属的落叶乔木。原产中国。

空结雨中愁——丁香

丁香，又名百结，这两名字都来自植物的花朵。每年三月中旬，丁香花将开未开，花筒细长，花蕾打结，形似丁字，称之为丁；花开之后，芳香远溢，称之为香，故名丁香。未开放时，四个瓣的花蕾紧密相扣，一团团簇拥枝头，恰似无数小结，故名百结。

说起名字，我不得不重提我的绰号，一共三个，都来自我的学名——任久久，一个叫“81”（9×9），它诞生于幼儿园大班；另一个叫“布衣”，它诞生于初中三年级；还有一个叫“婵娟”，它诞生于你的死党老狼的嘴巴，出处是苏轼的“但愿人长久，千里共婵娟”……

下雨了。迷迷蒙蒙的雨滴一半打在我心上，一半打在丁香花上。你不是丁香树。虞美人和豌豆下了课去嗅花似的围绕着你。看着你和她们说说笑笑的样子，我的心超不爽快。

蘑菇又去数学老师办公室偷作业本了。数学老师太好，太厚道了。大家欺负他。每次收作业，他当着全班同学的面数钞票一样数一遍，一本不少，厚厚一摞。他冲全班同学点头，憨笑说，我知道，你们辛苦了。全班同学异口同声说，老师辛苦了。数学老师的笑脸变得越发憨了。他根本不知，我们几个交上去的是空作业本。然后乘他不在办公室又偷回来。他居然一次没有发现他的“钞票”已经不是原来的厚度。

这一次，偷作业本的任务由蘑菇来完成。我和一堆书在一起，但我没有看书。我在看你。我不能不看你。这会儿，我在想，如果我有一根无形的长竹竿就好了，我把她们全拨回到座位上去。这样的话，你的目光和我的目光之间就不会拥堵了。

丁香小档案：

丁香，又名百结，学名（拉丁名）Syringa oblata。
丁香是木犀科丁香属的落叶大灌木或小乔木。原产中国、朝鲜。

圆心——杏

杏，基本字义是杏树。没有什么值得追究的。杏是一棵很古的树。杏花开放，五个瓣。瓣瓣饱满。五个瓣整体上看，接近一个正圆。花白得透明。没有完全盛开的花瓣上带点粉红。

我这个人啊，免疫力差。比如对眼睛弯弯的男人没有任何免疫力，尤其是你，偶尔笑起来温暖的样子，我太没有安全感了。我想，大多数女孩和我一样。你还是趁早收起你的“偶尔笑起来温暖的样子”吧！

我发现你身上的缺点我都在认可——除了打篮球外，就是很冷漠很冷漠地学习。我除了想你外，也逐渐变得很冷漠很冷漠地学习。你这么擅长考试，我想我也不能差到哪儿去。

我把你的缺点认作优点。我要超过你。

奇怪，从什么时候起，你成了我生活和学习的圆心啦。

杏小档案：

杏，学名（拉丁名）*Prunus armeniaca*。

杏是蔷薇科李属的落叶乔木。原产中国。

你好吗，你快乐吗?

周日，我整理电脑硬盘里的图片。把它们一张张分门别类。读到眼睛生疼，读到时间匆匆闪过。哦，记得我还没有吃早饭。通常，我是早餐并到午餐一块吃的。

上周日的图片已经安顿好。等用的时候，稍稍调整一下就行。只是今天不要读得太久，如能半天读完，应该小庆的。我先这么计划来着。

为了心爱的花，我几乎是白天忘了进餐，夜里忘记入眠。用一成语造句——我已经“废寝忘食”了。日日夜夜牵系着，心里温暖着，充实得很。

记得老狼曾经问我快乐吗。我说基本上快乐吧。做自己喜欢的事儿。拍照，读图，我忙都忙不过来。都是自个乐意干的，我还为啥不快乐呀，除非这些都不能做。

突然想你。想你，想你，只是想你。你在我的图片里，在键盘里，在屏幕里，在鼻子尖上，在空气中，在我心里。静静的想你。每一呼吸都是你。

你好吗，你快乐吗?

爱情像猜谜
渴望在最短的时间
揭开谜底
但又害怕
那个未知的答案

就像鱼儿属于水，草木属于田园——紫花地丁

今天见到紫花地丁。我的心情豁然开朗。

无论你爱不爱我，我都是快乐的。我的心属于我的自然天性，就像鱼儿属于水，草木属于田园。

就像紫花地丁——

有没有人发现，我不在乎。我在山里生活了很久。有没有人光顾，我不在乎。很多人来了，是冲山里的树木来的。有没有人欣赏，我也不在乎。带三角架和摄影机的都是来拍樱桃花的。我只要一点点土地，就会安安静静享受生命中每一缕阳光，每一丝风，每一滴雨。请不要以爱的名义遮挡蓝天，那是我小憩时的梦想。请不要以想念的名义挖走土地，那是我生命的根本。

有没有美丽的花盆，我不在乎；有没有漂亮的房舍，我不在乎；有没有嘉宾合影留念，我也不在乎；有没有出席重要场所，我全不在乎……我很小，我的愿望也很小，小小的快乐已经足够。看到有人欣喜，我是高兴的。但不要让我天天看到人欣喜，我还要看蓝天呢。听到有人欢呼，我是快乐的。但不要让我天天听到人欢呼，我还要听阳光和风聊天呢。

请不要破坏我脚下的土地和头上的蓝天。无论什么时候，我都不能完全属于你。我为土地开一朵紫花，为蓝天开另一朵紫花。有时候，我属于你，但最终我属于田园，就像鱼儿属于水。

紫花地丁小档案：

紫花地丁，学名（拉丁名）*Viola yedoensis*。
紫花地丁是堇菜科堇菜属的多年生草本植物。
原产中国、日本及前苏联。

天空掉下的颜色——二月兰

凌晨一点，我还没有入睡。满脑袋都是如果早上出了太阳，我先为谁拍照等等。迷迷瞪瞪“如果”了一夜，早上六点就醒了。超勤奋吧。透过两层玻璃——卧室的和阳台的——巡视外面，貌似晴天。当看到远处的玻璃反射太阳光时，我立马收拾行装。

今天是我第二次单骑东区。自从买了山地车后，我最乐意走的就是这条线。一路畅通无阻，心情特爽。

话说第一次单骑出门，也是某天的清早，漫不经心地东行，要到哪里是没有计划的。只是选择了这条线，一个劲朝前。市区的热闹、繁华退在身后。缓缓前行，看见路边的花朵，我时不时停下拍几张。没有目的，或许时不时停下就是其中一个目的。继续往前走。看到前面的路旁有大片的紫花，其间夹杂着白花。细细的风儿掠过，白花儿氤氲如烟，紫花儿飘逸若仙。我想，这里干嘛植这么大一片三色堇啊。

走到跟前一看，心中大为感动。所谓意外，原来是这么回事——它来自上苍的眷顾和恩宠，我遇见的是期待已久的二月兰。真正求之不得。去年，我在市区公园见到两株二月兰。上周我去拜访，那儿已经夷为平地，再寻不到它们的芳影。正当我暗自喟叹时，居然会在这里相逢。紫色的、白色的、浅蓝色的二月兰花，沿着道路两旁铺展，仿佛从天而降。我坐在田埂上，一边忙个不停地拍照，一边与它们搭讪。

蘑菇电我，初中同学聚会，问我去不。我说不去，问她去不。她甜甜地笑说去呀，因为小鱼也去。我知道你不会去。第一，我们不是你的初中同学；第二，即便是，你也在家安静学习，为了清华，或者北大，不为任何事所动。但我不是这样。如果我在这月开花，我就甘心开花。如果我在17岁爱上你，我就甘心爱你。我不做违背自己的事。就像遇到二月兰，我肯定会停下来。

二月兰的“二月”是从农历说的，对应到阳历，就是三月了。

每种植物的花期是一个定数。今天，我与二月兰相会，甚是欢喜。

二月兰小档案：

二月兰，又名诸葛菜，学名（拉丁名）*Orychophragmus violaceus*。
二月兰是十字花科诸葛菜属的一、二年生草本植物。原产中国。

纠结，太多了——紫荆

紫荆开花，繁密娇小。

去年九月的一天，我从儿童公园走过。它站在路边，树干一侧点缀着几朵小小的红花，而树枝上骄傲地挂着棕色的豆荚。

九月是硕果累累的季节。它为什么一边结果一边开花？为了弄清楚，我在植物书中查找，翻遍它的家谱，走访许多庭院，最后来到一户门楣下。门牌上写着：紫荆，又名满条红。

先不说寻找是何等辛苦，单说我在门楣前的徘徊，就可以制作两双铁鞋。这是香港的市花，港旗上的紫荆花吗？香港的市花是大瓣的红花。如果这么小的花叫紫荆，那么港旗上的又叫什么？如果港旗上的叫紫荆，它怎么也叫紫荆？

背负疑团，我推门而入，刹时，被它别样的欢迎仪式惊呆了。

“满条红！”晕眩中，意识里只有这三个字。

我努力控制拥抱它的冲动。肉身里的这颗心轻盈得像蝴蝶，深深吻着它了。一树枝条，不用一片绿叶遮挡，无数小花环绕“轴心”排列。我用眼睛为它弹一首轻快的歌。

这是周六上午的事儿。我们的“花吧行”选择在紫荆园。“花吧行”是指蘑菇、老狼、我和原初中七班几个要好的同学的户外聚会。我们无比畅快地聊起数学老师。

你记得不，周五上课前，超厚道的数学老师布置作业说，咱今天回去把这个单元的测试写了。大家偷笑，有人交头接耳。

数学老师极其委婉地说，这（作业）不多呀，（你们）很快就写完了。大家又笑。大家欺负他。没有人告诉他清明节放假，（我们）已经写过了。虽然他没有布置，但是按照惯例，我们以为节后要交作业。另外，他的爱好是当面点（作业）本，所以，同学们几乎都落下了后遗症，回家写的第一门作业是数学。

他被笑迷糊了，憨态可掬地问，笑啥？老狼大声说，别说话，听老师讲。老狼的意思只可意会不可言传，全班同学都知道，一个个紧闭嘴巴，默不作声。唯有数学老师不知道。他以为老狼是维持纪律的班干部咧。

因为捡了这么大的便宜，周六上午，我们相约去了紫荆园。

还好，我们不枉此行。纵然桃花占断春色，天公毕竟分得一匙剩红，留给紫荆。

港旗上的紫荆，又名洋紫荆，是香港土生土长的。洋紫荆喜欢南方的亚热带气候，不宜在北方生活。

紫荆喜欢生长在北方。紫荆和洋紫荆都是豆科家族的。它们的花期不同。洋紫荆在南方经常开花，紫荆在三四月开花。豆科家族的儿女多，有时不小心起重名了。

既然紫荆的花期在三四月，为何偏偏九月抹一段红？这个问题曾经盘桓心底。原因是去年九月过于温暖，导致紫荆二度开花。这是个别现象。

晚饭时间，我和蘑菇去学校小卖部买橙汁。小鱼和他的室友从食堂门前的路上走过。蘑菇和小鱼心有灵犀，同时向对方抬头望，四目相对，脉脉含情。小鱼偷偷举起手机晃了晃。蘑菇笑了。我扭头看见小鱼的手机挂件，是个短手短脚的小人，头戴蓝色小帽，愉快地咧着嘴巴。

联络暗号？我问蘑菇。蘑菇掏出自己的手机。原来是一对情侣挂件。小鱼的手机挂件是蓝色的，凸字型，蘑菇的是粉红色的，凹字型。彼此爱着，心有灵犀，多么好啊。对吧！对吧！

相爱的日子是美丽的。哪怕仅仅是眉目之间，传情递意。

每年四月，你会看到密密麻麻的粉红小花，在一根光秃秃的枝条上纠结，仿佛两人的窃窃私语，又仿佛集体的絮絮呢喃，一天到晚说不尽的粉红心事，道不完的深蓝记忆……

四月是紫荆的。

紫荆小档案：

紫荆，又名满条红，学名（拉丁名）*Cercis chinensis*。
紫荆是豆科紫荆属的落叶灌木或小乔木。原产中国。

如果爱我
没有杂质
我宁愿
破碎自己
成全你

相见胜却怀念——垂丝海棠

原以为今天有太阳。出了门才知道，青得发灰的云厚厚的。光线找不到最薄的云层钻过来。人们都说太阳的力量大。有时候，它的力量并不大。

孱弱的花最耐不住风吹雨打。我期望阳光加大力度。我期望阳光钻透厚厚的青灰色的云，照在那几棵垂丝海棠上。等了一刻钟，阳光没有出来，我从隔墙公园回到教室。

教室的窗帘让风吹得波浪状起伏。

手机响了。是你的号码。我强按住万马奔腾的心。

老狼说他手机没电了，用的是你的手机。

我搞不清自己是否软软的“哦”了一声，是否轻轻的漏掉一丝若有还无的叹息。

老狼说你们在隔墙公园看到一棵树，开了许多小花。

我说如果不是垂丝海棠，就是西府海棠。

老狼问怎么才知道是垂丝海棠还是西府海棠?

我说一看枝条，杂乱无章的是垂丝海棠；二看花柄，花柄细长得禁不住花朵而垂下头来的是垂丝海棠。

这时，听见你说这棵应该是垂丝海棠。

我问一共几棵树。

听见你说三棵。

我说三棵都是垂丝海棠。

听见你说真的是垂丝海棠。

老狼说你讶然我对于植物外貌特征的了解。

挂断电话，我跑到垂丝海棠处。你和老狼走了。太阳猛地钻过来。

繁多而纤细的垂丝海棠，纷纷碎了一地。我轻而易举地被花儿打动。

一枚花瓣轻轻划过我的面颊。一种感动，一种欢喜，一种感伤……油然而生，分不清是哪一种情绪。又一枚花瓣抚慰面颊，生怕惊动了我似的。我的心轻得如同花瓣，居然有喜极而泣之冲动。这花瓣是你刚刚凝望过的。

我忽然想起早上的梦。梦中，我着素色连衣裙。你笑起来很温暖的样子，双臂是一对翅膀，飘飘的，在我的裙袂间挥洒一弯又一弯黝黄的月彩，直到点醒我。

我要见你，就在这棵垂丝海棠树下。我要立刻见你。相见胜却一切怀念。此刻。

我给自己足够的勇气拨叫了你的号码。

对不起，您拨打的电话已关机。

我的眼泪欢快的流淌。一枚又一枚的垂丝海棠花瓣从我欢快的泪珠上滑落。垂丝海棠懂我，宁愿破碎自己。它给我的爱已经溢出来，淌满我周身的每一寸肌肤。

垂丝海棠小档案：

垂丝海棠，学名（拉丁名）*Malus halliana*。

垂丝海棠是蔷薇科苹果（海棠）属的落叶小乔木。原产中国。

人间四月花正浓

周日，我去了郊区公园。

从南门进，银杏夹道欢迎。很粗壮的两排银杏树。去年冬天，我看过它们。那时，它们身上没有一片叶子，纵横交错的枝条，像战争年代敌占区周围的铁丝网。这次，它们全身忽悠着小绿扇，以示欢迎。在这个晴朗的上午，我记录了它们成长的瞬间。

路东是一望无际的连翘，绿叶萋萋，黄花高扬。虽然拍了巨多，但每次相见，欢喜之情丝毫不减。我快步向它奔去。一只喜鹊看到我，迈着大步和我同向而行。我停下脚步给它一张特写。喜鹊不喜拍照，只存一张，便飞了。我这才发现，在我与连翘的中间地段，有几棵茂盛的海桐。海桐叶子排列如圆盘，盘子中央钻出一枚枚小小的嫩芽，将要开花的样子。不知谁还急着要开。春天一来，植物们都乱了套，也不文明排排队，一个个争先恐后，生怕自个迟了，赶不上春天这趟车。

路旁一棵木瓜树正在开花。我无一例外地又拍了几张。拜访马褂木，是此行的主题。去年，我拍的是花近凋谢的马褂木。今年，我一心想见“风华正茂”的马褂木。

走进另一片植物田，欢迎我的是绽放的飞黄玉兰。飞黄玉兰与白玉兰比，开得迟了半月，少说也有十天。

琼花急得要命，花瓣展不平，就蹒跚着开。与海桐不同的是琼花的叶子盘里端出的是绿豆大的小碎玉。偶然有先开放的花朵，白色，开成五瓣，静静地看我，仿佛在说，认识你真好。

我拐进另一条主干道，才知来早了。马褂木花仅仅打了结，春风还没有为它解开。

重瓣棣棠和黄刺玫都宣告自己是正宗的黄。我分别垂青了它们。最新奇的是重瓣棣棠的小干枝像一把钥匙，别在另一朵花的花萼处。令我好一阵笑。谁说植物不懂爱。它们多亲密呀。

黄刺玫仗着自个有刺，分外张牙舞爪。别看它一叶一瓣不醒目，但两棵灌木枝条云立，艳丽的花朵如黄色发卡，繁茂地别在瀑布似的发丝上，甚为壮观。

走到黄刺玫面前。我微距拍一张，又给它们集体合影。一回头，发现金银木花默然恭候良久，我惊叹低语。仿佛它是意外客，我不胜欢喜。

百步开外，半人高的花树无人问津。凭感觉，我认为是红花檵（jì）木。过去辨认，果然是。第一次近距离目睹花瓣。一丝一缕，惹人疼爱。将它比作一头红发丝，丝毫不为过。花瓣质感，宛如一张张细细的红纸条。它们是红花檵木写的情书。多情，漂亮。我说。红花檵木听了，越发搔首弄姿，任我“立此存照”。

因为红花檵木，瞬间想到你。幻想这一张张粉红的情书在你我之间传递，该多么好啊。

蹲在地上，我把红花檵木当成你的“翻译官”，说了很多知心话。还记得吗，唐人白居易有诗说“人间四月芳菲尽，山寺桃花始盛开”，诗中的四月是农历四月。如果你信以为真，以为四月的芳菲都“寿终正寝”的话，那就会错过许多红红紫紫暗自妩媚的花儿。诗中的四月换算到公历应该是五月。

拍完红花檵木，说完心语，我很知足。

如果，如果上苍厚待，可以让你我邂逅相逢。我这颗贪婪的心走在路上说。

坐在餐桌旁
吃的是侃侃而谈
喝的是美目秋波
咽的是风情万种
酒菜没上
我们先醉了

疑似阿堵物——榆钱

榆钱是什么？

榆钱是榆树的果实。既然是果实，为什么不叫榆果而叫榆钱？

说来话长，榆树的果实有点特别，它不像苹果、桃子、梨那样丰满、厚实，而是扁扁的、薄薄的、圆圆的，有点像古代的钱币，所以叫榆钱。

榆钱像哪个朝代的钱币？也许你会问，这种叫法是从什么时候开始的？

追逐钱的历史，我们知道早在春秋战国时期就出现了用青铜铸造的圆孔钱——圆形，中央有一个圆孔，钱币上铸有文字，这种钱币携带方便，便于交易。后来秦始皇统一货币，把钱心的圆形改为正方形。秦始皇认为圆形没有方向感，正方形可以让一时迷失方向的人，通过四条边确认东西南北。不过，无论怎样，钱的外形没有变，一直保持圆形，这在历史上流行了很长一段时间。由此推断，榆钱这个名字的来历，大概是从春秋战国时期开始的。

唐人施肩吾的诗中专门提到过榆钱，这首诗的题目是《戏咏榆荚》。诗中写道：风吹榆钱落如雨，绕林绕屋来不住。知尔不堪还酒家，漫教夷甫无行处。

末句的夷甫是西晋人王夷甫。王夷甫早先是位名士，淡泊钱财。后来成为官场人物，朝中大臣。他被后人写入诗中，跟他的名气大有关系。“漫教夷甫无行处”里面有一个典故。话说王夷甫的老婆很爱财。爱财不算什么错，我们都爱财。问题是他老婆仗着她与皇后沾亲带故，不仅是狂揽钱财，而且骄横跋扈。王夷甫这人呢，婚前就是个自视清高的主，婚后自然不肯与老婆同流合污。平日里，他与老婆“口不言钱”。这天，王夷甫睡了。他老婆心生一计，叫丫鬟用成串的钱把老公的卧榻处绕了里三层外三层。可见，他们家的钱多的海去了。他老婆想，老公，你清高对吧，清高到连钱都不提的地步，我倒要瞧瞧你如何下床。第二天，王夷甫一看眼前的阵势，立马心知肚明。他唤来丫鬟说，你，快把这阿堵物拿走！从此，“阿堵物”就成了“钱”的诨名。

几千年前的中国老百姓给予植物的命名向来准确、生动、形象，常常让我叹为观止。疑似“阿堵物”的这个榆钱只是沧海中的一粟。

四月初，浅黄淡绿的榆钱一串串盘在枝头，人们可以趁着鲜嫩采摘，做成各种美食，如凉拌了生着吃，煮熟了当粥喝。说起煮粥，古人早都品尝过了。宋人欧阳修喝了榆钱粥后，全身心感谢大自然。他说，虽然天气还冷呢，一杯热粥稍微“搁浅”就凉了。但是榆钱不怕冷，榆钱正鲜美，尤其是昨夜下了一场春雨，把那一树榆钱洗得鲜亮无比。这时候，一杯煮好的榆钱粥下肚，灵感汩汩而来，堵不住呀。正是：杯盘饧粥者春风冷，池馆榆钱夜雨新。一杯榆钱粥成就了一首好诗，欧阳修来不及喝第二杯，诗句便传遍天下了。清人郭诚读了欧阳修的诗句——“杯盘粉粥春光冷，池馆榆钱夜雨新”后，也去喝榆钱粥。他的榆钱粥刚刚下肚，欧阳修的诗句飞到了九霄云外。郭诚眼里只有“同桌的妻”。他与妻推杯换盏共饮一粥，恩爱无比。可惜，当时的媒体过于滞后，他们的恩爱无处可秀，只好借助笔墨写于纸上——《榆荚羹》：自下盐梅入碧鲜，榆风吹散晚厨烟。拣杯戏向山妻说，一箸真成食万钱。郭诚是这样对妻说的，媳妇呀，从今个起，你甭赶我外出打工挣钱了，你知道么，你一筷子咽下肚的，可值一万钱哦。

对了，榆荚就是榆钱。

后人还烹饪出了榆钱糕、榆钱包、榆钱饺等美味佳肴。据测定，榆钱的含铁量是菠菜的11倍，是西红柿的50倍。此时，春风殷勤拂面，再过几日，树上榆钱该“绕林绕屋来不住”了。

趁着榆钱鲜嫩，踏青郊外，别扫了春风一番美意。否则，大自然赏赐给我们的“阿堵物”白白浪费，岂不是有点可惜？

榆树小档案：

榆树，又名家榆、白榆，
学名（拉丁名）*Ulmus pumila*。
榆树是榆科榆属的落叶乔木。原产地北起西伯利亚、南至淮河流域。

想你
又是牡丹时候
唯恐你快乐不够
期许牡丹
为你解愁

轻暖与轻寒——牡丹

“轻暖与轻寒，又是牡丹时候”出自宋人吴潜的诗句。

牡丹花开，选择的是寒意隐减的四月。如果温室培育，牡丹的花期大打折扣。不仅牡丹，百花都乱了阵脚。

历史上，武则天让百花在隆冬开放，以显示自己拥有超能力——身为女皇，非人为也，此乃上天之意。《全唐诗》收录了武则天的《腊日宣诏幸上苑》这首诗：“明朝游上苑，火急报春知。花须连夜发，莫待晓风吹。”此诗写于武则天称帝的第二年。“腊日”即是农历十二月的某天。

文武百官听完武则天的诗，都面服心不服呗。肚里话，你是谁呀，你让草木连夜加班，它们就开了。你一道谕旨等于万缕东风啊。你还是先给自己找个台阶吧，免得摔下来失了颜面。

第二天，文武百官个个带着“肚里话”来到“天后”的花园，但见草木竞相开放。眼见为实的官员们一个个惊诧不已。殊不知这是武则天令其园艺师在温室培育的。这技术叫堂花术。好比大棚里的瓜果，反季节熟了。

武则天喜欢花草树木，特别是牡丹。她曾经将家乡的牡丹移栽到京城。有舒元舆的《牡丹赋》一文为证——天后（则天）之乡，西河也，精舍下有牡丹，其花特异，天后（则天）上苑之有缺，因命移植焉。把这句话换算成现代文就是：天后（则天）还是小姑娘时，他们家种了很多牡丹。每年牡丹花开，花大如碟，香气飞落庭院，天后跑到三两株牡丹旁晒太阳、打盹，做了一个又一个牡丹花的梦。后来她嫁到皇宫。皇宫虽好，却没有儿时的牡丹。每当牡丹开花时节，天后都怀念家乡的牡丹。她想，等将来有一天，我说话成了金口玉言的时候，一定要把我家的牡丹移植到这里来。后来证明，武则天的确是金口玉言。对她来说，没有做不到的，只有想不到的。

说起牡丹，在中国也是很古的植物了。牡丹最风光的时候是隋、唐两代。大美男隋炀帝迁都洛阳时，易州进牡丹二十箱，入住皇家园林。这是牡丹历史上的政治地位。到了唐代，不仅世袭其政治地位，而且涌现大量的牡丹诗。李白的“云想衣裳花想容，春风拂槛露华浓”成了千古绝唱；刘禹锡的“唯有牡丹真国色，花开时节动京城”更是脍炙人口。自此，牡丹的“国色天香”、“花中之王”的美称昭然天下。

你知道吗，自从那天在食堂二楼向你和老狼卖弄了我的“榆钱说”后，我对那条餐桌情有独钟。几乎每餐，我都在那儿。如果你在二楼吃饭，很容易找到我。

今天，经过食堂后面的牡丹园，其花香绕我衣裾。牡丹不语，人且语了：

你在哪儿？快来看呀，牡丹开了。

牡丹小档案：

牡丹，又名富贵花、木芍药，学名（拉丁名）*Paeonia suffruticosa*。
牡丹是毛茛科芍药属的落叶灌木。原产中国。

魔鬼般坠落——樱花

转身处，一地红花，香消玉殒。

今天上午，这里游客很少。此番牡丹占尽风头，少有人顾及这凋谢的樱花。

风起花落，片片投地。在感动之余，又生几多悲悯。成朵的花儿，成片的瓣儿，在修成“正果”之后，离开大树，投身泥土。遥想十几天前，风掀起它的头巾，它的美貌展现在世人面前。此情此景，风吹皱它的脸庞，打落它的笑容。

风遮住了太阳。本来不鲜的光线，又陈旧了许多。

于是，我在心里止不住念道：

如果我是一枚樱花，那么，定要在我最美丽的时候坠落。在你和煦的私语中飘然而下。就在一树樱花初吐红蕊的那一刻，来不及盛装出行，倒在你的怀中。

如果一树樱花终有一天错过你，那么，我宁愿提前告别高高在上的鲜亮的日子，与你厮守，哪怕是只有一天的相聚。彼此守着，像魔鬼一样贪婪，活得暗无天日。把我掉进你的心，或者把你掉进我的心，分不清你我。在太阳出来的时候，我们的肉体细化成一粒又一粒的沙子，闪着微弱的光。

如果终其一生不能改变结局，那么，我们可以勾画过程。我们在风中拥抱，顾不得叹息它的肆意妄为；我们在雨中亲吻，顾不得哭泣它的冷酷无情；即使在寂寞的独行中，回忆宛如一弯艺术的画廊，伸出一双记忆的手轻抚曾经的过往；我们在脉脉的时光中促膝长谈，顾不得哀怨月亮把我们细化成沙，而闪着微光的沙子，正在深情凝望……

樱花小档案：

樱花，学名（拉丁名）*Prunus serrulata*。

樱花是蔷薇科李属的落叶乔木。原产中国、朝鲜、日本。

童年……
是恋爱中少不了的话题
现在的你
是从童年过来的
爱你
包括你从童年带来的
坏习惯

香心微启，筒音无涯——泡桐

每到花期，泡桐开淡紫色的花，千万次招摇。

我可以视而不见筒管的花朵，却抗拒不了它悠长的芳香气息。

一棵泡桐在公车站旁。沿着这棵泡桐往前三站路，就到了昨天的泡桐树饭店。生平第一次近距离看你。吃了什么，不记得了。只记得你和老狼喝了一扎啤酒，你把筷子扔了，用手抓菜。然后，讲起你儿时的趣事。我和蘑菇喝的是兑了橙汁的啤酒，先喝橙汁后喝啤酒的那种。往后的事儿，记不太清楚。

泡桐也叫毛泡桐，又叫紫花泡桐，有的地方简称为桐。它大多生活在北方，对承载它的土壤没什么要求，也不挑剔气候上的变化，像儿时的你一样，不拘周遭环境，很耐成长。

白泡桐生活在长江以南。很多人分不清毛泡桐与白泡桐的区别。顾名思义，白泡桐开白花。毛泡桐可以理解为叶子上多毛，这种纤细的毛“织”在空中，便于吸附空中的悬浮颗粒物。这些悬浮颗粒物，是城市空气中主要的污染物之一。在一定程度上，可爱的泡桐起到了净化空气的作用。我记忆中的泡桐，每年到了3～5月，都要绽放千万次。

在市区，泡桐并不鲜见，无论你乘车还是步行，如果恰好赶在花期，你随时随地可见桐花，尤其是它悠长的芳香气息，随风潜入面。

扑鼻的花香先于视觉来临，凭经验就知泡桐开花。我深深地吸进，醉了，像孩子似的笑。脑海里跳出一簇簇儿时的桐花。每当春雨过后，地上铺一层淡紫色的喇叭花儿。其中，有一些被雨水邀请来的花朵，嫩嫩的，甜丝丝的，香心微启，花筒矜持，花冠没有完全张开。花筒的“筒”是李世珍在《本草纲目》中记载的“桐华成筒，故谓之桐”的“筒”。矜持而非“老到时候”的桐花，在放学的路上一段段铺开。树上的雨滴还在继续。我独自站在泡桐树下，逐个踩去——右脚抬起，猛地落下，听它们“啪”的一个响声，在我看来，就是最美的享受。

任何享受都不可以受尽。福不可以享尽，权不可以用尽。春雨过后，听筒音的乐趣，亦不可以听尽。如今长大了，我面对一朵朵桐花，每每抬起右脚，听到的只是沉闷的踏地声，再也听不到那清脆的筒音了。

泡桐小档案：

泡桐，又名毛泡桐、桐、紫花泡桐，学名（拉丁名）*Paulownia tomentosa*。泡桐是玄参科泡桐属的落叶乔木。原产中国、日本、朝鲜。

地下的黄金——地黄

阳光明媚的午后，我来到郊区的田地。小葱拌豆腐的“葱”正在开花，远看像三叶草的头花，近看是面纱。旁边有十几棵梨树，绿叶茂密的小枝上竖着拇指大的青果。远处的油菜，着黄衣绿裤。近处的立刻要蜕掉结子。走近这片田，未曾料想碰到谁。每每看到小花小草，我都欣然跳跃，比如贴在地上的灰灰菜和举着小黄花的蒲公英。

在这样的心情下，遇见地黄。六味地黄丸的“地黄”，又名酒壶花，是传统的中草药。在田埂边自然生长，显得土里土气。地黄这个名字来自根部，因埋在地下的块根是黄白色，得名地黄。酒壶花这个名字来自花朵，因花朵像古代的酒壶，得名酒壶花。

拍完地黄，我美滋滋地逛商场。给自己买了一件新睡衣。啦啦啦啦啦，我唱着歌返校。晚上回到寝室显摆。结果，大家笑得牙都歪了。真是气死我了。你知道吗，我买回来的新睡衣是情趣睡衣，居然遮不住底裤。旋转一下，它主动掀到了肩膀。蘑菇笑得大牙外飞。她说我是专门穿给某人（指你）看的。哼哼。怪不得营业员看我的眼神怪怪的呢。呜呜，掩面啊！悲催啊！

地黄小档案：

地黄，又名酒壶花，学名（拉丁名）*Rehmannia glutinosa*。
地黄是玄参科地黄属的多年生草本植物。原产中国、朝鲜、日本。

我们不能浪费
一片纸
每一片纸
都是一棵树的历史

你读的书跟它有关——构树

也许你要问，读书跟文字有关，怎么跟构树有关?

这是因为文字是印刷在纸上的，而纸的最初发明跟构树脱不了干系。那么，在纸发明之前，文字写在哪里。说起这个，恐怕要追逐到文字的起源——仓颉造字。

在远古时代，人们用绳子记事。遇事在绳子上打结，事毕了结。但老这样打来挽去的，时间一长，很多事还是记混了。而且绳子容易腐朽，记的事也容易丢。有一天，仓颉看见有人失手将鱼掉在沙地上，地面印出一条鱼的图形。仓颉大受启发，从此开始了造字生涯。

有了字，就不用绳子。为了记事方便，有史可查，人们把文字刻在龟甲兽骨上，这就是埋在地下、万年不烂的“甲骨文”。在青铜产生后，人们又在青铜器上铸刻，这就是“金文”或“钟鼎文”。再后来，因为书写工具的发明，人们将文字写在用竹、木削成的小片片上，这就是“竹木简”，比如宽厚的竹木片，人们叫它“牍”。与此同时，有人将文字写在丝织品——缣（jiān）帛上。这是有钱人家的事，因为缣帛贵，只适宜私读。最先把文字写在丝织品上的是那些既爱旅游又爱读书的有钱人士。先秦之前，人们曾经将文字刻在价格极其低廉的石头上，这就是“石鼓文”。据说这种书当废品卖，不仅得不到一文钱，而且倒贴给人搬运费。

试想，如果没有纸，你可能抱着一块石头在读书，书包里装的是满满的青铜课本，什么语文、数学、英语呀等等，期末考试你想作弊，就得先让书给气死。等你小学念到博士毕业，恐怕你家的石头书都砌成复式房了。话说回来，即便是这样一间藏风、漏雨、掉阳光的房子，我也会将就着住的。前提是你爱我。

接着说，到了公元105年，生活在东汉时期的蔡伦，用楮（chǔ）树皮、破鱼网、破布、麻头等原材料，经过一系列加工，制造了适合书写的植物纤维纸，从此，让文字的书写达到登峰造极的程度。这就是“蔡侯纸”。

楮树是纸的原材料之一，何以见得楮树就是构树呢？

有关楮树的记载，最早见于《诗经》里的《鹤鸣》——“鹤鸣于九皋，声闻于天；鱼在于渚，或潜在渊。乐彼之园，爰有树檀；其下维谷。它山之石，可以攻玉。”这首诗堪比一幅园林风景画，画中，三只闲鹤站在沼泽地，其中一只在高声鸣唱，另外两只耳鬓厮磨。正在游玩的小鱼听到那只鹤的美声唱法“我的午餐”，吓得赶紧让更多的水埋没自己。不远处的半山腰上有一棵高大的檀树，后来蔡伦的弟子用它作宣纸，给蔡伦画像，以表怀念之情。这是后话。在这棵檀树的下面有一棵矮小的穀（gǔ）树，即楮树。抛开这两棵树不提，再往高处看，有一座怪石嶙峋的山峰。想必山上的石头个个是愣头青，可以用来雕琢美玉吧。

诗中“画”欣赏完了，现在单说这棵楮树。

南宋时期的朱熹注释说“谷，一名楮，恶木也。”看来，朱熹是读过《说文解字》的。因为早在朱熹之前的汉人许慎的《说文解字》里曾经说“谷者楮也。”话说到这，我觉得朱熹不良善，他欺负楮树不会写字，把楮树比作小人。

三国时期的陆玑在《毛诗草木鸟兽虫鱼疏》中撰文说“幽州人谓之谷桑，荆扬人谓之谷，中州人谓之楮。”由此可知，楮树，又名谷树。陆玑的记载更翔实地说明同物而不同名的楮树因地理位置不同存在的名称差异。到了明人李时珍出世，花草树木因李时珍一人得道而“鸡犬”升天。在李时珍的《本草纲目》里，楮树有了一个更明确的说法，即楮树、谷树都是同一种树木。李时珍说，你们不必劳神了，它只存在性别差异。雄雌都在三月开花。花朵像柳花一样，但不会结果的是雄树。青黄不接时，人们可以采花充饥。雌树开花碎小，结的果实像杨梅……这些形态特征恰恰是构树。因此，构树又叫楮树。也可以反过来说。

初识构树，我有疑问：同为构树，为什么果实有差异？一种是球形的，另一种是毛毛虫形的，即柳花状。我特别好奇构树的叶子，一种不裂的，另一种是深裂的。

那几天，我被构树困惑了。某晚，躺在床上读书，当读到“老构叶犹乌紫，一种生球果，一种结细穗”时，大为欢喜。

我把这种“得来全不费工夫”的意外之喜告知蘑菇。蘑菇的特长就是能够帮我分享快乐。

我看小鱼是狗屎。真的。Shit！我觉得他人品差极了。昨天，虞美人的室友告我小鱼给虞美人写了一封情书。我都不知该不该告诉蘑菇。蘑菇每天快乐的跟中了五百万似的。看见她那样，我就很纠结。

继续说构树。构树为雌雄异株植物。结球果的是雌株，也就是“结实如杨梅”的那种。读书真是大快人心。读书越广泛，知道的越详细，渐渐知道纸张的发明跟构树有关。何止纸张，原来其花朵可食，叶子可治病，在李时珍的药方里，构树叶能治疗以下几种疾病：①利小便；②去风湿；③治肿胀；④治白浊；⑤去疝气；⑥治癣疮。

不仅如此，构树的汁液可以治疗皮肤病。

现在，人们越来越离不开西医，很少有人专攻李时珍的“植物治疗法”。当然，这是另一个话题了。

构树小档案：

构树，又名楮树，学名（拉丁名）*Broussonetia papyrifera*。

构树是桑科构属的落叶乔木。原产中国、日本、朝鲜、越南至印度。

跨物种潜伏——绿玉菊

市面上，绝大多数的绿玉菊被当成常春藤叫卖。幼小时，它们外貌极似。长大后，相差万里（夸张的说）。绿玉菊是菊科，常春藤是五加科，ＤＮＡ上，没有一点点瓜葛，不就相差万里了吗。

两年前，我购得一盆绿玉菊，属于常绿观叶植物。不曾想去年夏天，它竟然爬上阳台开黄花给我，乍看是微型向日葵，让我好一阵感动。大凡爱植物的，难免有一些与植物共荣的情感。

正当我美哉美哉地欣赏它时，意外地发现茎头和嫩叶上潜伏着一小堆绿色虫子。我立马从骨头缝里冒凉气，浑身起鸡皮疙瘩。

我咋不知道它还生虫？虫们披着和叶子一模一样的绿衣，似蠕动，似静止。当即把绿玉菊的头掐掉，扔了。可次日一看，咋还有呀。

老天，这事我咋从来没有预防呢。

我一边起鸡皮疙瘩，一边不住口地夸赞它。——虫们真有能耐，真会生长，悄悄潜伏到植物内部，连叶子都相信它是叶子。进而，我联想到豆角上的虫长得跟豆角似的，青椒里的虫长得跟青椒似的，夹竹桃上的虫长得跟夹竹桃似的，——身体末端的臀角像极了夹竹桃的叶柄……虫们生怕跟植物不一样喽。这些足智多谋的虫很会仿生，居然懂得跨物种潜伏。就拿绿玉菊叶上的小虫来说，一个个长得才蚂蚁眼珠大，居然跟我讲仿生学。我恨不得连同花盆全部扔掉。

小虫怎么来的，我不知道。但一定是我疏于管理而造成。小虫怎么走的，我知道。我保留了根茎，之上的全部剪掉。

没抱希望，今年春天，绿玉菊发芽了。现在长得半米高。时不时的，我拿泡了洗衣粉的水浇一次。今年没见那帮免费来讲学的虫们。我分别扦插了四、五盆绿玉菊，它们都很带动地活着。

绿玉菊小档案：

绿玉菊，学名（拉丁名）*Senecio macroglossus*
绿玉菊是菊科千里光属多年生肉质植物。原产南非。

我们走着
不想停下来
直到月亮上

我们不能没有爱情
即使时间埋葬了生命
爱情永远是时间的主人

五月，超越时空永相伴

为了让你安适
有人把一棵树种在路边
为了让你开心
这棵树在夏天里开花
为了让你怀念
花朵们纷纷坠下
为了让你希冀
种子们整装待发
还记得吗
我们说了些一丢嘴就忘了的话

六月，花开花落都是情

我们不能没有爱情
即使时间埋葬了生命
爱情永远是时间的主人

本是同梗生，结子共怀抱——猬实

虞美人很雷地对你说“咱早就一家人了”。你满脸迷茫。我暗生欢喜。虞美人指的是一笔写不出两个林字，你好像没有反应过来哦。

话说那天在泡桐树饭店醉酒后，我的脑袋发酵了似的，每天都想表白，向你。为了掐死一些发酵的因子，我很冷漠很冷漠地写作业，很冷漠很冷漠地读书。读书也抵挡不住时，我约会那些等待的花朵。

远远的，一棵灌木弓腰伸臂相迎。走近一看，原来是忍冬科的猬实。我不禁笑逐颜开。谢谢你，美人木。

说起这个名字，不是咱中国人起的，而是“移民”美国后，被当地人喜欢，夸它是“美丽的灌木”而来。说它美丽，其一是花冠茂密粉艳；其二是花序特别，本来是伞房花序顶生枝头，一簇簇的，然而，每簇一个花柄上生了两朵花，即二花合生一柄，这种情况着实少见；其三是花期恰逢初夏——正赶上春花凋谢，故而更觉得美。

“美人木”对于它，是名符其实的。

五月是猬实的。

倘若见了这些花儿，相信你一定喜欢。你也一定想知道它的通用名“猬实”的来历吧。

说起猬实，是中国特有的单种属植物或孑（jié）遗种，忍冬科猬实属的仅此一种。猬实是我们国家三级保护植物。你知道为什么吗？

我先告诉你它名字的来由。猬实是中国人惯用的“形象命名法”而起的。俗话说好花不常开，三周后，猬实的花朵渐衰。月余，在两朵花的花萼下面，一个柄的顶部的分叉处，开始结果。果实是两个合生。为了保护它们的“孩子”，果皮外面插着密密麻麻银针一样的刚毛。乍看上去，宛如一堆小刺猬，因此得名。

其实，你完全可以依据字面来破解——猬实，像刺猬一样的果实。

猬实的“爱子”之心，令人敬佩。但凡事有一个度，否则物极必反。因为猬实的保护意识太强，种皮太过坚硬，不利于“爱子”发芽，造成繁殖困难，存活率低下，故而成了珍稀的植物了。

猬实小档案：

猬实，又名美人木，学名（拉丁名）*Kolkwitzia amabilis*。

猬实是忍冬科猬实属的落叶灌木。原产中国。中国特有植物。

尽把春愁忘却——芍药

我问你喜欢春天吗。你说当然，谁不喜欢。

我们没有更多的交流。有时楼道碰面，我唐突地冒出一句话。幸好，你提前预备了答案，还能对答如流。

你喜欢春天。因为春天万物复苏，百花盛开。面对扑面而来的花海，让你应接不暇。

今天中午，我没有去食堂二楼。蘑菇在教室里发呆。我买了汉堡、炸鱼，这是她最爱吃的。可是她看都不看一眼。问她什么也不说。我知道小鱼给她摊牌了。所有安慰的话都不起作用。我只好坐在她身边，默默陪着。

Shit！我烦透了狗屎小鱼。有关他的“前科”成了女生们的饭后谈资。

他初中和一个漂亮女生谈过，追到手后，跟人家拜拜。他就是一标准的狗屎。班上的漂亮女生，他都想追到手，然后甩掉，然后再向男生们炫耀有多少女孩爱上他。他简直是人渣。真的。当初明明是他追蘑菇的，今日居然说被小女生缠着真麻烦。听说他昨天又给虞美人写了一封情书。我一看见他就想吐。但愿女生们一眼看穿他的人渣本质，千万别上他的当。

我俩默默坐了一节课。蘑菇问我什么植物在开花。我说芍药。

植物如我。每一种植物开花都是多情的。每朵花开，你都欣喜。花向你示好，花向你展现它的美丽。每当你经过，花以自己特有的方式说爱你。你从丁香树下过，丁香用幽雅的香气勾住你，不让你走。你绕道牡丹园，牡丹用浓郁的香气定住你，不让你脱身远去……

也许你说，我非草木，孰能无情？不对，这样说亵渎了草木。你乐不可支地说，我非石头，孰能无情？我乃唯物之灵，花儿们如此深情厚谊，我岂能不眷不顾！然而，春天的花何止丁香、牡丹。纵使你昼夜不歇地左顾右盼，也观不尽赏不完。

到了五月，牡丹香消花谢、惨不忍睹，丁香早是一片寂静、绿树成荫。很多花都了无踪迹。更多的花你没来得及顾盼。那些深情厚谊的花哪去了？一夜间，你的脑海结一串愁思。心里痛恨那个不解情的东风。直到一天，你看见芍药。

芍药也是多情的。

春天走了，芍药用温暖的香气，解开你郁结的春愁。希望你不错过。——就在这几天，芍药开花。

顺便说一下，《诗经》里的《国风 · 郑风 · 溱洧》记载了男女相会上巳节，离别时男人赠芍药给女人的情景。这首诗里的芍药，可不是现在我们说的芍药。

从时间上看，上巳节是古代民间的传统节日，在农历的三月初三，对应到公历就是四月。四月不是芍药的花期。

从地理位置上看，溱（zhēn）、洧（wěi）是当时郑国的两大河流。溱水发源于现在的河南省新密市东北王寨河，洧水发源于现在的河南省登封县东的阳城山，均不在南方，花期也不会提前。故，曾有书给这首诗的芍药，匹配现在的芍药图片，显然是错误的。

芍药和牡丹的区别：

1. 根不同。牡丹是木本植物，芍药是草本植物。
2. 叶不同。牡丹叶宽大，芍药叶狭窄。
3. 花期不同。牡丹4月，芍药5月。
4. 花朵位置不同。牡丹花单生枝顶，
   芍药花单生枝顶或生于叶腋。

芍药小档案：

芍药，又名将离，
学名（拉丁名）*Paeonia lactiflora*。
芍药是毛茛科芍药属的多年生宿根草本植物。
原产中国、西伯利亚、朝鲜、日本。

天涯地角望断
试问闲思几许
且看黄栌
红烟袅袅
团团锦绣
乐在相知心

红烟袅袅——黄栌

植物的通用名大都以植物的“外貌特征”而命名，即“形象命名法”。所谓形象二字，就是指它的“外表”像什么就叫什么。但黄栌例外。黄是颜色，栌是木。连起来是黄色的木。这样的木，你很难亲眼见到。这里的木是指木材，而非外表。除非你拜访木材厂。据说黄栌的木材可制器具，也可作染料。由此推断，首先给黄栌命名的人，应该与木材有关，或者就是一个伐木工。

黄栌的另一个名字叫红叶。如果长时间观察叶子，随着春、夏、秋的转变，你会发现叶子由绿变黄，乃至红色。每到秋季，满树红叶。比如香山红叶。这个名字大众化，通俗好记。每到秋天，大老远的一树红叶，谁都能够看得见。不像“黄栌”这个名，专程赶到木材厂。由此推断，红叶最初的命名者应该是一位普通老百姓，很快口碑相传成了名。不过，这“红叶”并非随处可见。你得等到秋天，当温度降至5℃，叶绿素开始减退，一日的温差在10℃以上时，叶子才会变红。若温差不够，叶子未等变红就已经脱落，你很难欣赏到红艳秋叶的美景。

除此之外，黄栌另有一个名叫烟树，顾名思义，像烟雾一样的树。我尤喜欢以鲜花命名的名字。黄栌的花儿细小、柔软，密集成团，远远望去如雾升腾、如烟弥漫，仿佛绿树生烟一般，故名“烟树”。

黄栌的花是杂性的，也就是两性同株共存。在花柄尖儿上，开出一只绿瓣黄蕊、个头极小的花，开过后即结籽。而那些不孕花有紫红色的羽状花柄宿存，它们长期停留在枝头，形成圆锥状的团儿，恰似烟雾的圈儿。

再加上，茂盛的椭圆形的绿叶在下面烘托，愈发是红烟袅袅。由此推断，第一位命名“烟树”的人，想象力丰富，应该是一位艺术家。不过，我宁愿认为是黄栌的花朵先激发了那个人的想象。看一树红烟袅袅，团团锦绣的景象，你不得不惊叹花朵的奇异。仿佛它在寻望“知心人”。

和小鱼分手后，蘑菇时不时想起什么而流泪。人显得越发羸弱，跟烟似的。一日三餐，她只吃早餐和午餐。省下的饭钱全部买了日本漫画。她从小就喜欢日本漫画，比如《网球王子》。初中三年的午饭钱，她省下一半买了富坚义博的《猎人》。在家里，蘑菇有一个带锁的衣柜。漫画书都在里面，是她偷买偷看的。

她对日本漫画酷爱的程度，你可能想象不出，这样给你说吧，没有中文字幕的日本电影对她来说，都是小菜。看原版的日本小说丝毫不是问题。很牛吧。更牛的是她从没有上过一天日语课。这都是漫画的功劳。可是，她爸妈若看见这些“不成器”的漫画书，会当面烧掉。她心疼啊，每一本书都是她“缩食”了三天的饭钱。

正因为此，很有一阵子，狗屎小鱼对她五体投地。现在，孑然一身的蘑菇又回到了她的漫画世界。

黄栌小档案：

黄栌，又名红叶，
学名（拉丁名）*Cotinus coggygria*。
黄栌是漆树科黄栌属的落叶灌木或小乔木。
原产中国、西亚、南欧。

爱不爱，孔雀说了算

昨天下午，我骑山地车来到小姨的工作地——葵花园。

明明知道这个时候，春花无踪无影，而且预报有雨。但我还是来了。

无处不绿的田园，一览无遗的呈现在我面前，那一刻，心满意足。

很宽大的床，很干净的房间，我不忍心把时间献给电视机。昨夜，我把时间献给我自己。一夜的雨水滴答到天明，仿佛雨在敲鼓。有些美妙。但心里还是有点遗憾的。今年来得早了，现在正是淡季——春花已过，夏花未至。

阴雨天，我拍什么呀？

早上七点，从房间里辗转出了宾馆。门朝东，我走下台阶，迎面竟是一轮红日。我灿然失笑。走了二百米，太阳隐去。方才只是和我打个招呼。

东边田里有一大片观赏性葵花，开得正旺。附近不知什么东西在喊，一声接一声，类似猫叫，有点凄凉。麻雀叫得很欢，雨后的虫子大概累得不行，让麻雀们逮了正着。

半上午，太阳出来。我又回到这片葵花园取景。蓦然发现一只孔雀。就我一个观众。我等孔雀开屏。举着相机对它说：我数到十，如果你在十以内（含十）开屏，那么，我谢谢你孔雀，等于你告诉我阿木心中有我；如果数到十，你还不开屏，那么，我也谢谢你孔雀，等于你告诉我阿木心中没我。我说这些话的时候，孔雀在场地上走来走去。我开始数数，虔诚地看着它。当我数到七，它悠闲地摆好姿势，很快，张开一身斑斓的羽毛。

这时，孔雀骄傲地叫了，像猫的叫声，有点凄凉。哦，早上喊我的就是它呀！它喊我来，就是为了告我这件事儿啊！谢了，谢了。

我爱你——玫瑰和月季

玫瑰和月季，被人们视为爱情的代言。

我终于向你表白了。期待你的回复。忐忑。遐想。憧憬。

我爱你，阿木。

因为爱你，我大度地原谅曾经厌恶的一切。因为有你，我慷慨地帮助需要帮助的路人。因为有幸福，我的眼睛每一分钟都是清澈而明亮的。

在爱情中，我的心变得无比柔软，又无比高贵。柔软得我轻而易举垂下泪水，即使没有发生难过的事；高贵得我不向任何事情低头，即使在残酷的时间面前。

生命是时间的奴隶，爱情是时间的主人。让我们的爱情一直活着，超越时空，超越这个世界。

在短信里，我送你一扎玫瑰，猩红色。

传说最早的玫瑰花是白色的。爱神心生欢喜，就摘下一朵，不小心被刺扎伤。爱神丘比特恼羞成怒，为了报复这一刺之伤，向白玫瑰射箭。白玫瑰的鲜血染红了白色的花瓣，后来变成了红玫瑰。这就是为什么玫瑰花代表爱情的缘故。

我比较喜欢茨威格《一个陌生女人的来信》里面的女主人公送给男主人公的白玫瑰，一年一次，不是在情人节那天，而是在他的生日。现在，人们说白玫瑰代表着天真、纯洁。这也符合“陌生女人”从13岁起爱上一个人的心理。

另一个传说，玫瑰是从垂死的美少年阿多尼斯的鲜血中生长出来的。因为阿多尼斯是爱与美的女神阿佛洛狄忒爱恋的对象，所以，玫瑰成了爱的象征。

相比而言，我喜欢小爱神丘比特因为喜爱白玫瑰，自己的手被刺伤，而恼羞成怒把白玫瑰刺伤，鲜血染红了白玫瑰花，后又变成红玫瑰的说法。

从花色上看，白玫瑰单纯些，接近儿童的天真、纯洁，红玫瑰鲜艳夺目，接近热恋中的青年男女。由白变红，从儿童到少年、青年也符合成长的心理。

玫瑰，每年开花一次或两次。市面上真正的玫瑰少之又少，这怪不得花商。好在人们要的是心意，而不是植物花瓣。

花儿是时间的奴隶，一周后凋落，爱情在时间之外。我爱你。我们走着，不想停下来，直到月亮上。

玫瑰小档案：

玫瑰，又名刺玫花，学名（拉丁名）*Rosa rugosa*。

玫瑰是蔷薇科蔷薇属的常绿或半常绿灌木。原产中国。

月季小档案：

月季，又名四季蔷薇、月月红，学名（拉丁名）*Rosa chinensis*。

月季是蔷薇科蔷薇属的常绿或半常绿灌木。原产中国。

谁喊救命——车前草

万万没想到，你心如止水。你和往常一样搭讪我，只字不提那条短信。我死定了。谁来救我?

上午，跟我妈去菜场。路上，我给她讲蘑菇和小鱼的事。末了，我妈竟然给我来一句“你也把他甩了，好好学习吧”。

我妈到底是啥人啊。她说的“他”是你吗，平时，我很少在她面前主动提你。每次考试过后，她问班上第一名是谁时，你的大名才出现。她说的“他”到底是谁呀，难道她是一条蛔虫，在我肚里爬过?

即使我妈说的是你，她也不知底细。你宽宏大量、大慈大悲还答理我呢。她以为你在追我呀。雷死我了。真是。也不知道她到底怎么想的……像我妈这种书斋式的人，整天这么理想化夸大我，还让我甩了你，她要是知道我表白了你都不回复，必定觉得家门不幸……呜呜，悲哉。

菜场有卖车前草的。我赶紧让我妈采购。

有关车前草的文字很多，大致如下：

中药论者说，车前草味甘性寒，可以散热利尿、明目清肝、祛痰止咳、降压益肾等（引自李时珍的《本草纲目》），并列举史上汉军伐匈奴的例子，在患病断粮的情况下，车前草救人水火。另一例是北宋某年大闹瘟疫，车前草帮人止泻。

美食论者说，把车前草的嫩叶洗净，先入沸水五分钟，捞出后，再入凉水冰爽一下，然后蘸酱食用。也可与其他肉类拼烧。还可以淹制成菜，或者煮成粥，据说充饥又壮体。

文学论者说，车前草在《诗经》里有记载，见《芣苢》（fúyǐ）。女人们一边兴奋地采摘车前草，一边欢快地唱着歌，歌词大意是：

亲爱的，车前草好鲜嫩哦，快来采啊。是呀，车前草好茂密哦，整棵的拽下来吧。

亲爱的，车前草好肥厚哦，快来采啊。是呀，车前草好健壮哦，整把的捋下来吧。

亲爱的，提起你的衣襟哦，把车前草装进去。是呀，我的衣襟盛满了哦，回家美美吃一顿吧。

另有民谣《车轱辘菜》，大意如下：

车轱辘菜呦叶儿圆，长也长不高来爬也爬不远；花开不艳蜂不来，尘土沾衣少人怜；车轱辘菜呦叶儿圆，撸也撸不尽来采也采不完；放进清水煮一煮，不加油盐自香甜；车轱辘菜呦叶儿圆，踩也踩不死来压也压不烂；贫瘠荒地都是家，绿叶扎根遍天涯。

这个车轱辘菜就是车前草。

学习论者说，车前草有旺盛的生命力和超强的繁殖能力，这种坚韧不拔的“求生存，谋发展”的精神，更值得我们学习。

……

车前草有这么神吗？

李时珍的《本草纲目》是亲历的，正确率应该过半，故，对中药论者和美食论者暂不存大的质疑。下面二者有待考究。

车前草紧贴地面生长，几乎无茎，叶片全部根生。武振玉先生注释的《诗经》中“薄言捋之”的“捋”是顺着茎成把地撸下来，显然是车前草的门外汉。车前草的叶柄都长在土里了，一辆超级大巴都碾压不死，它哪里来的茎呀！

用来救命的车前草的叶片是广卵形的，且边缘呈波状。民谣里说“车轱辘菜呦叶儿圆”，刚出生的车前草的叶子都不圆，也不知他们唱的“叶儿圆”是从哪个角度看的。难道是某些地方的车前草是圆叶，我眼力不济望不到？

这也罢了。

最雷人的莫过于学习论者的言辞——车前草的“求生存，谋发展”的精神，更值得我们学习。野火烧不尽，春风吹又生，大多数草都是这样的呀。从何而来的车前草独有这种精神！学习论者给车前草戴这么大一顶高帽子，都快成新闻了。

但无论怎样，我还是把自个给“医治”了，咬牙喝了一碗我妈烧的车前草汤。

车前草小档案：

车前草，又名车轮菜、车轱辘菜、猪肚菜、猪耳朵草，学名（拉丁名）*Plantago asiatica*。

车前草是车前草科车前草属的多年生草本植物。

不成调的轻音乐——毛地黄

初识毛地黄，在葵花园东侧的田地。如小铃铛的喇叭花儿，铁塔似的悬挂一周，自下而上砌成锥形。周围，除此之外，再无其他。夏风一吹，叮叮当当，弹奏着不成调的轻音乐。看到它们，我是欣喜的。欣喜中的一半归功于初遇。

如果我们每次相见，欣然于心，喜形于色，我们的心该是何等鲜花盛开。可是，我除了欣喜之外，更多的是将毛地黄据为己有。连土搬家，放在我城市的阳台上。如果精心照料，它还能不生一虫一草，为我素面朝天，笑靥相视。倘若日久生厌，哪怕稍有疏忽，它便水分抽尽，剩得枯叶干茎，终被扫地出门。

老狼说他每天在你面前说我的好话。这让我有点心理失衡。我本来谴责他老在我面前为小鱼开脱应该遭雷劈了的。哪知老狼看我一尊佛，我视老狼一堆粪。羞愧。

也不知是我那封表白信起的作用，还是老狼的旁敲侧击起的作用，反正我觉得你跟以前有点不一样。在所识的芸芸众生中，你无视众生的存在，冲我点头、微笑。这对我来说，已经足够了。

今天的卷子发下来，班头（语文老师兼班主任）在我的作文题上没批分数，而是两红字“面谈”。大课间，我去了老师办公室。班头说我的作文是应付的，没有用心写。班头说他知道我心中并不认为得高分的作文就一定写得好。班头说我应该适应考试作文，毕竟是要参加高考的嘛。班头说……

我的天呐。他怎么知道我是这样想的呀。他是神呐。说实在的，在中国文学史上，自古至今我只佩服三个半人。他差点勾起我的谈话欲。但我强按住跑到嗓子眼的话头没有让它反弹。吃晚饭的时候，我给蘑菇说了。蘑菇问我哪三个半人。我说一个是庄子，一个是李白，另一个是苏轼。蘑菇说剩下的那半个人是谁呀。我说留点念儿吧，以后再说。

隔着一堆人头，你与我搭讪时，我正打算告诉她那半个人是谁，看见你我的大脑立马短路。蘑菇说我重色轻友。她爱说什么都随她便吧，反正你跟我说话我觉得活着真好，真幸福。

与你相见的幸福和与鲜花相伴的幸福不能同日而语。有人常把爱情比作鲜花，我不苟同。我认为爱情不能比作鲜花，抑或鲜花不能比作爱情。鲜花终究是植物的，爱情是心灵的。植物的轮回几个月就见分晓。爱情则不同，只要我们的心跳动，哪怕有一丝一毫的念想浇灌，爱情就一直长在温暖、湿润的心田。

毛地黄小档案：

毛地黄，又名洋地黄、自由钟，学名（拉丁名）*Digitalis purpurea*。毛地黄是玄参科毛地黄属的二年生或多年生草本植物。原产欧洲。

想你想你真想你
请个画家来画你
把你画到眼皮上
睁眼闭眼看见你

请个画家来画你——活血丹

活血丹是多年生草本植物，生命力强，野生的遍地都是，属于有土就能活的那种。可别小看它不择土壤，这恰恰是生命力旺盛的表现。

活血丹在这棵树下生活了多年。无论是什么，只要活着，就能见得多、听得多、亲身经历得多。今天，活血丹见识了我们的“久久花吧行”。

老狼真好。我转一百圈脑袋也料想不到你会加入“久久花吧行”的团队。老狼说向你介绍“花吧行”的成员后，你二话没说就点了头。我想知道，我很想知道，你是因为“豌豆也准备加入”，还是因为老狼的盛情相邀，还是因为任久久，才点头应允的?

今天是我最开心的一天。我和你足足相伴了三个小时。虽然你给我只说了一句话。

按照惯例，我们每人要讲一个故事。你和豌豆是新成员，特意安排在后面。我讲的是活血丹。

一个摄影师为了参加比赛，到处寻找一种名叫活血丹的植物。他不认识活血丹。等他大致弄清楚后，截稿日期只剩一天。

这天，他来到活血丹的地盘，拿起相机就拍。活血丹见门外来了客人，连忙找椅子。家里仅有的两把椅子在邻居家借用着。活血丹正在发愁呢，摄影师入乡随俗，已经席地而坐，似乎他们前世就认得。他对活血丹说了很多话。活血丹只记得一句。摄影师说，我一直在找你，我寻你寻得好辛苦。

被人寻找着，在活血丹看来是一件唯美的事，如果找不到的话。它想象着一双炯炯的眼睛是如何从天空移到树梢，从树梢移到树杈，从影影绰绰的绿叶中移到树干，从失望的树干身上移到地面……如果早知道他这么煞费苦心地寻找，活血丹就向老祖宗要一秘方，长在他脚下的水泥地上。

寻找，寻找。这是一幅唯美的画面。与它切割而交替的是另一幅唯美的画面。如绿色地毯一般匍匐而行的活血丹，不停地向前伸延。活血丹的茎既是腿又是脚，沾土就扎根，扎根就能走。

从那天起，摄影师失踪了。他把名叫“想念”的种子植入土中，和活血丹一同生活。

又过了很多天，活血丹突发灵感，请了一位著名画家，把摄影师的样子画在眼皮上。活血丹天天向外走访，逢人就打听，是否见过眼皮上的他。再后来，活血丹编了一首歌谣，一路走，一路唱：想你想你真想你，请个画家来画你。把你画到眼皮上，睁眼闭眼看见你。

老狼看着地面说这就是活血丹吧。我说是的。

这故事编得怪好咧。我“哦”一声。我们笑了。这一句，胜过千言万语。

活血丹小档案：

活血丹，又名佛耳草、金钱草，学名（拉丁名）*Glechoma longituba*。
活血丹是唇形科活血丹属的多年生草本植物。原产中国、朝鲜、俄罗斯。

包容，所有——荷包牡丹

“荷包牡丹”的名字兼具了植物的生殖器官和营养器官二大特点。“荷包”二字来自花朵。鲜丽透红的心形花瓣，在稍稍坠弯了的茎上飒飒而下，特别引人注目；花瓣里面透露两枚微白带黄的幼芽，瘦长，突出心外；整体上形似荷包。“牡丹”二字来自叶片，酷似牡丹叶。因此得名。

初识荷包牡丹时，我不由自主把它“规划”到毛茛科的家族中去。它的叶与牡丹的叶如此相像，如不把它归进去，显然是因你对牡丹不了解。

荷包牡丹有一个美丽的传说。相传古时，在洛阳附近有一个小镇，镇上住着一位美丽的姑娘，绣花技艺精湛。提亲的人络绎不绝。但姑娘心有所属。心上人在塞外充军，杳无音信。姑娘思念他。每月绣一个荷包，挂在窗前的牡丹枝上。久而久之，荷包成串，变成了“荷包牡丹”。

老狼电我怎么还没有回校。他说他和你在牡丹园发现一株很奇怪的牡丹。我问怎么个奇怪法？老狼说叶子一样，花和牡丹花不一样。小红花，挂了一排……

这时，我听到你说是晚期的牡丹吧？我说不是，是荷包牡丹，毛茛科的。

翻开我的植物书，找到毛茛科，竟然没有。又重新查找，我才恍然大悟——荷包牡丹是紫堇科的，虽然它的叶与牡丹的叶如出一辙。但与牡丹并不搭界。牡丹是灌木，荷包牡丹是草本。这些都是小区别，最大的区别是花冠差了十万八千里。荷包牡丹小巧玲珑，而牡丹硕大华丽。

我说对不起，荷包牡丹不是毛茛科的，而是紫堇科的。你跟老狼异口同声说没关系。

荷包牡丹小档案：

荷包牡丹，又名铃儿草、兔儿牡丹、鱼儿牡丹，
学名（拉丁名）*Dicentra spectabilis*。
荷包牡丹是紫堇科荷包牡丹属的多年生宿根草本植物。
原产中国、西伯利亚及日本。

听——蓝猪耳

蓝猪耳，很好的名字。它的另一个名字叫夏堇。夏堇，这名字也不错。中国的老祖宗们历来是智慧的。他们给植物起名很有意象。

蓝猪耳花朵小，和肥头大耳的猪一点关系扯不上。猪耳朵至少比蓝猪耳花大一倍，还要多。如果你认为，中国老祖宗误起了一个植物名，那你就粗心大意了。

走近看，你会发现，蓝猪耳有四枚花瓣，最上面的可以称为猪的额头，最下面的可以看做是猪的下巴，中间的花蕊是猪的喉部，那么，两边呼扇着的不正是猪耳吗？这就是蓝猪耳名字的来历。

蓝猪耳的花色不是单一的蓝，还有粉红色、白色。如果因此命名为红猪耳、白猪耳，就少了些许意境。虽然它们都是颜色。红猪耳、白猪耳，这样的字眼容易与肉体搭界。大凡与肉体纠结的，不知要多走几道弯才能最终达到意象或审美的地儿。

考试成绩出来了。你稳拿第一。南瓜考了第二，出乎我意料。我考砸了，十七名，心情不爽。

学校门外的花坛上摆放的是蓝猪耳。我老爸来接我，站在花坛边。我怏怏不乐地给他说要是我初中跟南瓜坐同桌，现在的成绩肯定跟他差不多。我老爸不假思索，且不屑地说，你一个女生要是学习那么好，把男生都吓跑了，该嫁不出去了。

嘿嘿，爱死我老爸。

回到家，我妈盘问一番。这是她的每周保留节目。她问谁第一。我说你。只有在月考、期中考、期末考这类事情上，我才提到你。然后，我把话题转到南瓜身上。我怕她怀疑。她又问虞美人、蘑菇、老狼、小鱼的情况，尤其是小鱼和蘑菇，我都要详细描述的。因为这个是每周连载节目，她想听。然后，她冷不丁得出一屎结论——南瓜喜欢我，我喜欢南瓜。从初中都开始啦。我笑。随便吧，爱说啥说啥。这是我对我妈八卦的态度。

蓝猪耳小档案：

蓝猪耳，又名夏堇、蝴蝶草、蓝翅蝴蝶花，
学名（拉丁名）*Torenia fournieri*。
蓝猪耳是玄参科蝴蝶草属的一年生草本植物。
原产中国、越南。

紫花开放“蝶思狂”——楝树

突然花香袭来，抬头看，原来是楝树开花。细碎的紫色花瓣，一层又一层；馥郁的香气，一缕又一缕。每年春暮夏初，悠悠长长的楝花簇拥在枝头。走在树下，有沉醉感。

“楝树！”

一树盛开的小花，像满天闪烁的星星。轻风拂过，一朵朵小花向我频频点头。

这段路落在公车后。我的神思依然停在“花开飘落似丁香”的路上。

人们喜欢把女孩比作花，把男孩比作子。绝大多数植物都是先开花后结果，因此，可不可以说世界最初先有女人后有男人呢。奇怪的是人们从不考虑这种因果关系，只管把楝花比作女孩。

到了秋天，一树青青的果子，数不胜数。男孩们把楝子当成小石子投掷，或者是子弹，互相打闹。也许因为这个缘故，人们“睹物思情”地把楝子与生育联想在一起。譬如这首歌谣：楝子树，开紫花；打个床，成了家。来年春上望一望，床上卧了个娃娃。

新婚大喜的日子，也少不了楝树的份儿——“新婚睡个楝子床，后世必主人丁旺”。人们用楝树打床，寓意子孙满堂。

今天大课间，我们前后桌说起男女比例失调问题。男人比女人多，将来很多男人找不到老婆。前桌说历史不可能倒退到母系氏族的原始社会，一夫一妻制必将继续进行。蘑菇说那该怎办呀，必定有男人是可怜的。前桌说有些男人注定是可怜的。这是天意。谁让老一辈人重男轻女的。我说实在不行的话，那就摇号呗。蘑菇喝口水，笑喷了说摇号分老婆这主意看似不错哦。

赶巧老狼路过。他说我们这桌他打包了耶。结果招来一片“呸，呸”声。

在民间，某种树木普遍栽植，不外乎两种情况，一种是寄予美好祝愿，如上；另一种是寄予财源。自古楝树的叶子有漂白丝织品的功效。早在春秋战国时期，人们用楝树的叶灰漂白丝织品。《周礼·考工记》是我国最早记述手工业生产技术规范的著作，这本书诞生于春秋末年，战国初期。书中详细记载了练染丝织品的工艺流程。比如将丝织品放在楝树的叶灰的水里浸透，再放在光滑的容器里用石灰水浸泡，待碳酸钙等沉淀后取出来脱水，涂上石灰静置过夜。第二天再浇水脱水，最后再进行七日七夜的井水浸泡，即完成练帛程序。既然楝树叶的灰有漂白等使用价值，那么它也必然带来经济价值。

说起漂白，到了近代，工序就没有恁复杂，成品的丝织品放到楝树的叶灰里浸泡，然后漂洗，使之洁白。

在文人眼里，楝树的经济价值被审美取而代之。王安石有一首诗，名曰《钟山晚步》：小雨轻风落楝花，细红如雪点平沙。槿篱竹屋江村路，时见宜城卖酒家。

在王安石看来，轻小的楝花吹落一地，居中的雄蕊是暗紫色，早开的雌蕊由紫色变成白色。这些楝花成了他的旅伴。江村路上的木槿篱障和别有情调的竹屋都尽收眼底，足见其惬意。这分惬意，恐怕首先要归功于楝花的引领。

眼下，楝树依然普遍。人们更看重它的“苦”。从楝树中分离出来的苦楝素是理想的杀虫剂。听说，有的虫子很有气节，宁可饿死，也不食苦楝素处理过的东西。

楝树的主要功效是驱虫、杀虫，如果家庭盆栽，楝树专门负责驱赶蚂蚁、蟑螂、蚊、蝇等。这些虫闻风丧胆；若在户外，万一被蚊虫叮咬，只需摘几片楝叶揉出汁涂抹于患处，即可止痒、消炎。

阿木，这下你该知道了吧，那天你被毛毛虫咬了，我用楝叶给你涂抹。你说谢谢。我说不谢，要谢你该谢楝树。你说为什么。现在，我把答案给你了。

楝树小档案：

楝树，又名苦楝，学名（拉丁名）*Melia azedarach*。
楝树是楝科楝属的落叶乔木。原产亚洲。

夜夜相拥而眠——合欢

在中国，合欢是历史悠久的树种。最早出现在《神农本草经》一书里。《神农本草经》又名《神农本草》，简称《本草经》或《本经》，是我国现存最早的药学专著。撰人不详，“神农”为托儿，其用意无非是“标题党”——夺人眼球。成书年代不清楚，有说是秦汉，有说是三国时期。全书分为三卷，合欢在卷二。但合欢的药用价值应当在这之前。

三国时期魏人嵇康在《养生论》一书中，又一次提到合欢——豆令人重，榆令人瞑，合欢蠲（juān免除）忿，萱草忘忧，愚智所共知也。

“豆令人重，榆令人瞑”，被后人浓缩为一个成语叫豆重榆瞑，原指多吃豆使人发胖，多吃榆使人久睡。后来形容人的本性难移。而后面的“合欢蠲忿，萱草忘忧”则出自《神农本草经》。

“合欢蠲忿”之功效，恐怕历代被验证了的。这里的合欢，指的是合欢皮（花）。是安神药里面的一味药。主治心神不宁的。《中华古今注》曰：“欲蠲人愤，赠之以青裳。青裳，合欢也。”这里的青裳是因合欢的叶子而命名的。

合欢叶不同其他植物，它昼开夜合。每到傍晚来临，双双合拢。这种主动相拥而眠的现象，很能给人联想。难道它们也知一人独眠太孤单了不成？原来呀，这是因为合欢的叶柄基部的细胞犹如反应灵敏的储水袋，因光线的强弱、温度的高低而变化，使储水袋吸水或放水，细胞因此膨胀或收缩，使其展开或闭合。正因为叶子们的自动闭合，合欢又名夜合树。

别告诉我你不认识合欢。篮球场边上就有一棵。

学校举行女子篮球赛。我本来是不擅长球类运动的，但因为你是临时辅导员，我积极要求加入。那天，在这棵合欢树下，你讲了很多篮球比赛的话。为班争光，是全班同学的愿望。在这一点上，大家态度鲜明、立场一致。可是，虞美人她们嫌弃我，我央求半天，都不同意，后来多亏老狼的三寸不烂之舌，才让我成为一名候补队员。候补就候补呗，只要和你在一起，我没意见。我会加油的。

“合欢花儿！”我指着飘在你肩头的合欢花。你抬头看了看树，无邪地笑了。

每年六月，合欢树上开满粉色的小花，无论远眺和近观，都是很醒目的。

六月是合欢的。

合欢小档案：

合欢，又名夜合树、马缨花、绒花树，学名（拉丁名）*Albizia julibrissin*。合欢是豆科含羞草亚科合欢属的落叶乔木。原产亚洲、非洲。

那只万般挑剔的凤凰——梧桐

初遇梧桐，是四月的一天，正是鲜花如海的世界。突然看到没有鲜花点缀的梧桐，很是惊讶。一下子喜欢上了。它笔直的树干和青绿的枝叶给我一种全新的感觉。这也是它又名青桐的原因。

难道这就是《孔雀东南飞》里“东西植松柏，左右种梧桐。枝枝相覆盖，叶叶相交通”的爱情梧桐？难道这就是庄子的那只万般挑剔的凤凰，拖着长尾从南海远飞北海，哪怕累死，非梧桐而不栖的高贵梧桐？仰望如织的绿叶，难道这就是唐朝的某个深夜，一场“三更雨”下了，伴着一夜无眠的温庭筠，任凭“一叶叶，一声声，空阶滴到明”的寂寥梧桐？

然而，远古的感怀没有一丝一毫侵袭到我；相反，我陶醉在相遇梧桐的喜悦中。浓绿的叶子，掌状3～5裂；青青的枝条，灵动而条理分明。

隔墙公园有几棵梧桐树。

这几天，从教学楼到食堂的这段路，你走着走着，会忽然回头张望，每当与我的目光相撞，立即走光似的闪一下笑。你终于知道被人爱是啥感觉了吧。

晚饭后，我又拜访校外这棵梧桐。远看近看，上看下看，如此百看不厌。一时间，梧桐如你，植入我的寸心之内。我幻化成一只凤凰栖在你的身旁。

古人云：梧桐一叶落，天下尽知秋。梧桐的落叶比较早，似乎最经不住秋风萧萧。冬天改变了许多，但梧桐的树干，依然是直直的、青青的。

阿木，我们所说的梧桐，是它的通用名。植物真正独一无二的名字是学名，也就是拉丁名。说起植物的命名和分类来，有一段比较长的历史，有的人终其一生都在做这一件事。

第一部关于植物的书是《植物问考》，作者是古希腊哲人狄奥弗拉斯图。你可能不太了解他，但如提到另外两个人，你一定是知道的。第一个是柏拉图，他是狄奥弗拉斯图的导师；另一个是亚里士多德，他和狄奥弗拉斯图都是柏拉图的门生，柏拉图死后，亚里士多德创立了“逍遥派”，狄奥弗拉斯图加入其中，并师从于他。狄奥弗拉斯图比亚里士多德小15岁。亚里士多德死后，将其毕生所有“遗传”给狄奥弗拉斯图。狄奥弗拉斯图是第一个认识到只有掌握更多的植物特征，才能更好确立其分类方法的人。他活了85岁，临终前，他说了一句字字珠玑的话：“刚刚开始生活，我们就死了。”

读到这句话，我泪如雨下。我恨不得穿越层层黑暗叫醒你，与你共享狄奥弗拉斯图的临终之言。整整一夜，我没有合眼，我在幻想。我是个自虐狂。我也说一句字字珠玑的话：“刚刚开始爱情，我们要坚持啊。”

六月是梧桐的花期。但梧桐花不具有观赏价值。远古的那只凤凰，也不是因为花朵和叶子才栖的，而是因其树干——永青不更，宁直不弯的外在面貌和内在品格。

人和人的相遇与人和植物的相遇一样，是有一定机缘的。

每当鲜花遍布，你是否看到一棵端直而青绿的梧桐？每当看到这棵梧桐，你是否萌生一种全新的感觉，仿佛与谁的初遇？

梧桐小档案：

梧桐，又名青桐，学名（拉丁名）*Firmiana simplex*。
梧桐是梧桐科梧桐属的落叶乔木。原产中国、日本。

与植物作伴

为植物们拍照，我忙得不亦乐乎。

我们从法布尔老先生的《昆虫记》中得知他整天和小生命们打交道，花费一生。当官方让他居住皇家宫殿时，老先生“不识抬举”地说，他宁愿终生与昆虫作伴。

我努力达到这种境界。

我爱植物，已经爱了几年。很难说，以后不爱。人对什么关注久了，就会把关注的对象作为自己生命的一部分。想不爱都由不得自己。

阿木，我很快乐。爱惜植物，植物们会生长得更好。植物们生长得更好，才能愉悦我们的眼睛和心灵，养育并呵护我们的身体，我们的生活才会更好。

植物们不说话，不喊叫，只是默默地生长，发芽，开花。人们看到，或看不到，它们始终这么做。

剪纸艺人——三角枫

又到了我们每月的“花吧行”的日子。这一天，我们都期待得太久。

瓶盖加了进来。瓶盖是老狼的发小，他大名叫马超。他从小到大的酷好是收集瓶盖，因而得了这个绰号。

对于瓶盖的加入，豌豆极有兴趣。这不，瓶盖刚刚来到三角枫树下，脚跟没有站稳，豌豆就开始发问。豌豆问瓶盖收集了多少。瓶盖说三千多。

豌豆是大家的“提问代表”。她问有重复的吗？瓶盖说没有，如果重复，那和生产厂家有什么区别。豌豆问它们放在哪儿。瓶盖说在地下室。大家感叹，一个人的爱好从幼儿园开始，坚持下来，好惊奇哦。

豌豆和瓶盖聊得火热。豌豆说好喜欢瓶盖。瓶盖脸红了。或许瓶盖第一次听女孩子这么说。

蘑菇问收集瓶盖能挣钱吗，将来？没等他回答，蘑菇又说对不起，有点功利心。瓶盖说仅仅是喜欢。他的回答如此简单。

后来，我们说起各自的理想。我们相信，我们在社会上都是有所作为的人。我们的明天都是颜色——五彩斑斓。但是豌豆说一句话，我们谈话的味道就变了。豌豆说我没有理想。我觉得她的话好超拔。记得一本书上说，人生是没有意义的，是我们赋予了它意义。我们找到一个将来想从事的职业，比如科研、教育，就成了人生的意义。当我说完这句话，意外地又看到你“笑起来很温暖的样子”。人生是没有意义的，豌豆重复了一遍。你说这是半句话。蘑菇和老狼因为小鱼争执着。

蓝蓝的天很给力。绿绿的草地，散发着刚刚修剪过的青草味。

我仰头打量这棵三角枫。风儿走来时，它翩翩起舞；风儿离去时，它稍稍喘息。每一种树木都有自己独到的美。三角枫为了使舞姿优美，博得风儿更多欢喜，用剪子在叶的末端剪了四刀。

喧闹的谈话气氛，突然有了片刻停顿。我一扭头，发现你和豌豆站在另一棵三角枫树下低头说着什么。我的心瞬间拧成一团麻。

大自然堪称杰出的艺术家。比如三角枫就是天资聪颖的剪纸艺人。它以简单的方式呈给风儿完美的画面。我从老狼手中找出两片不裂的三角枫叶，试着剪成裂叶的模样。但笨拙的我剪出的线条，总是达不到裂叶要求的柔和度，不是过于呆板，就是过于锋利。过于呆板的，风儿不满意；过于锋利的，会不小心伤到风儿。也许，在三角枫的眼里，风儿柔软的如同月亮，是不允许有一点点划伤到它的。

三角枫小档案：

三角枫，又名三角槭，学名（拉丁名）*Acer buergerianum*。

三角枫是槭树科槭树属落叶或半常绿乔木。原产中国。

因为喜欢
反而伤害了对方
我们喜欢太阳
却永远伤害不到它

质本洁来还洁去——茉莉

有文字说鸡蛋的壳营养丰富，最适宜茉莉吸收。学以致用，我把蛋壳召集在茉莉门下。一周后，那些蛋壳里安居一堆小米大的虫子。

茉莉与我相亲相伴这么久，放了无数花香给我，都是一“虫”不染的。眼下，这些蛋壳里的小虫，仿佛长在我肉里，让我浑身不自在。二话不说，立马连“宅”带“人”清理出局，赶快还茉莉一个“质本洁来还洁去”的原貌。

事后悟出一点门道：蛋壳不易大面积接触空气，应该沤在土里。我反倒弄巧成拙。其实，家养植物，不需要特殊待遇。自然风，自然阳光，日常用的水，就可以了。

茉莉花开在夏、秋两季，长达半年之久；花冠白色，芳香宜人。六月底，小枝顶头并排站着三枚花苞，仅仅一夜间，一枚花苞炸开，清香浮动；接下来，第二枚开了，两天后，第三枚也开了。

阿木，你这么帅，又这么优秀，喜欢你的女孩子也不少，但为什么独独是豌豆让我如此纠结和疼痛呢？在我心里，我既不能把豌豆清理出局，也不能把你清理出局，还不能把我自己清理出局。我好难过。

茉莉小档案：

茉莉，又名抹历，学名（拉丁名）*Jasminum sambac*。
茉莉是木犀科素馨属的常绿灌木。原产印度、巴基斯坦、伊朗至阿拉伯半岛。

白天不睡，夜晚不醒——睡莲

老狼说豌豆很喜欢你。我决定与老狼绝交。

我在隔壁公园遛弯。老狼的电话打来，我不接。十分钟后，他发来一条短信说你和豌豆真的是一对好朋友，但不是恋人。

人工湖岸，有男生三五成群着博士衣冠在拍照。风吹湖面，柳丝垂荡，也偶尔吹起他们的衣服下摆。其中一男生的下摆掀起，故意露出半条光腿和夏日短裤，让人忍俊不禁。

好几天都没有这样笑了。没有人比你更清楚我对你的情感。甚至，你比我自己更清楚我有多爱你。

湖岸水生物墨绿一丛，为了看个究竟，我走到岸边。原来是睡莲开了。几枚青绿的花苞如大号毛笔，直逼上苍。有一朵最先绽放。接下来，睡莲们都要生灵济济地登场。

看到睡莲花儿，我心里剩下的那点忧郁给驱走了。我还是这么没道理的喜爱植物。我还是这么没道理的喜爱你。植物呈给我的美好，我看都看不过来，竟然因为豌豆暗生你的气，真不该呀。

睡莲的特点是白天打开花门，招待太阳；傍晚客人走后，关上花门，开始睡眠，所以叫睡莲。富有智慧的中国劳动人民，起了一个名符其实的名字。

和睡莲不同，我是白天不睡，夜晚也不睡，一直为你开花。你怎么就无动于衷呢。

睡莲小档案：

睡莲，又名子午莲、水浮莲，学名（拉丁名）*Nymphaea tetragona*。
睡莲是睡莲科睡莲属的多年生水生植物。原产亚洲东部。

不识“庐山”真面目——大叶女贞

大叶女贞冬天不掉叶子，先入了我的眼。每年11月，它的枝条挂着紫黑色的小果。

第一次邂逅大叶女贞，是夏天的一个傍晚。我在路旁闲走。突然浓香扑鼻，容不得分辨。周围没有鲜花店。到底什么东西这么香？一抬头，看见大叶女贞开着白色的小碎花，原来是它释放的。一月后，大叶女贞结一嘟噜小果，绿色的。又一月，这些小绿果变成了紫色。不久，紫色小果丰满为黑色。一棵大叶女贞就这样记录了四季的变化。

大叶女贞具有滞尘抗烟的功效，在市区普遍栽植。无论等车还是等人，在道路两旁，很容易看到它。它叶子脏脏的，落了厚厚的灰尘，不招人待见。但很少有人考虑它为什么总是脏脏的、布满灰尘。我有时想，如果我们的城市植被良好，市区干净，如果我们常给它洗澡，它就“原形毕露”了。

大叶女贞吸收空气中的二氧化硫。人们选择哪种植物作为行道树，是有功利标准的。只要有利，我们就种。功利达标，我们又要求它干净、美观，不要让它身上的灰尘“反作用力”到我们的空气中。甚至不明真相的人会厌恶大叶女贞咋这么脏，责怪它把灰尘和污染物带给了我们。

每当看到大叶女贞，我都禁不住拍照，总想给它平反，让人们知道它的沉默不是理屈，而是担当和负重。

昨天，我发小问我与你进展如何。我说一直在单恋。我发小说爱情好辛苦，如此折磨人。我刚要夸她善解人意，谁知她让我放弃你。因为这句话，我半天没答理她。

阿木，无论这个社会如何缤纷，希望你有眼力，认得一棵真树，识得一个真人。

大叶女贞小档案：

大叶女贞，又名女贞、蜡树、冬青，学名（拉丁名）*Ligustrum lucidum*。
大叶女贞是木犀科女贞属的常绿小乔木。原产中国。

“怒”到极致——金丝桃

今天，我去书店，新购了两本书。我欣欣然于一切内容皆可漫画了的读图时代。阅读变得越来越方便，越来越简单。

达尔文的《物种起源》里的一个章节，讲到动、植物的习惯和习性问题。习惯成为习性而遗传。假使一只虫子在工作时有六道工序，你把它放在第三道工序的尾部，它将继续下面还未进行的四、五、六道。当你把它放在已经完工了的工程后的第三道工序的尾部，它虽然明白这是徒劳的，但仍然继续下面已经完工了的四、五、六道工序。而人，在这方面的“习惯”是很难成为“习性”遗传的。

出了书店，肚子里像是垫了底，心满意足。乘坐公车，经过一个十字路口，我看见不远处的黄花，金灿灿的一片。心想肯定是盛开的金丝桃。我顿觉心旷神怡，就近下了车。

我简直是一花痴，见花儿就走不动。

这时，老狼的电话过来。他说你跟豌豆真的是好朋友，因为两家大人关系非常要好，你从小就处处让着她，但她并不是你的女朋友。我说他尽管在那儿瞎呲吧。老狼说是你亲口告诉他的。

今天出门，我没有带单反相机，而且穿得很淑女。长发披肩而下，贴身的白色无袖连衣裙，赤足一双皮拖，背双肩包。双手闲着。双肩包里有一款小型数码相机。我一边用肩头顶着手机听老狼给我瞎呲，一边用微距拍金丝桃。

我被“怒”到极致的金丝桃震撼了。金黄的花丝与金黄的花瓣等长，甚至更长。一根根细长的雄蕊把雌蕊簇拥在正中央。《广群芳谱》里记载：金丝桃的花如桃花，蕊如黄须，铺散在外，若金丝然。这是它叫金丝桃的原因。

我想，我还不够爱你。我没有金丝桃这般纯度。有关你的一切，我都想知道。我的心又一次被点燃。

老狼发誓说他要是瞎呲，宁愿变成猪。

我笑，仍然歪着头佯装平静。我又换一个角度取景，手机滑落，我下意识用肩头顶住，一脚失控，连人带手机、相机一同滚到下面三米深的沟里……

你赶到学校医务室，我的样子狼狈极了。

怎么搞的，怎么这么不小心？你发怒说。

这是你见我说的第一句话。我还能见你。我的眼泪不争气地流下。

对不起。对不起。你尴尬地解释，显得很失态。

金丝桃小档案：

金丝桃，又名土连翘，
学名（拉丁名）*Hypericum chinense*。
金丝桃是藤黄科（金丝桃科）金丝桃属的常绿或半常绿灌木。原产中国。

大红灯笼高高挂——栾树

如果追究“栾”字，除了姓氏外，就是“栾树”的意思。

栾树的花不具观赏价值。不过，在我的眼里，任何植物开花都有不可替代的价值。栾树的花是黄颜色的，据说可做颜料。花很小。绿黄色的花蕾松开后，露出八枚花蕊，等八枚花蕊探出头，脖子伸得和花瓣一样长时，花瓣的基部不知何时渲上了红色斑点。

别小看这些不起眼的花，用不了多久，它们就变成青青的三棱形的肿囊果。一个月后，你不经意地走着，会发现栾树上高高悬挂着的大红灯笼。这是它又名灯笼树和摇钱树的原因。

栾树是以观果为主的植物，灯笼树和摇钱树是果子成熟季节，形似什么而命名的。栾树是无患子科的乔木。所谓无患子，就是不用担心有孩子，因为它会生出许许多多的果实。

眼下，正是栾树的花期。看着它，我憧憬着与你“大红灯笼高高挂”的那一天。

我知道，你在乎我，虽然表面上佯装没有我。我不计较。我也不是天天把爱挂在嘴上的那种人。心里有，就是有，嘴上没有也是有。心里没有，就没有，嘴上有也是没有。

有时候，我就是弄不明白，你为什么偏偏要掩盖自己的真心？你看栾树的花蕊，时机一到，一个个跳出了花瓣。你是不是和我一样，恐怕不够爱，才等待时机成熟的呀。

阿木，我们像吃鱼一样爱着——很小心，怕有刺，怕伤着。

栾树小档案：

栾树，又名灯笼树、摇钱树，学名（拉丁名）*Koelreuteria paniculata*。
栾树是无患子科栾树属的落叶乔木。原产中国、朝鲜、日本。

与佛有关——七叶树

在所有植物的汉语命名中，恐怕七叶树是最没有悬念的。只要会数数，无论大人和小孩，在一棵树旁停顿七秒，就认识了。

可不知为什么，有人杜撰七叶树又名菩提树、娑罗树，把一个简简单单的七叶树整得颇为“扣人心弦”。

菩提树、娑罗树都跟释迦牟尼有关。先说菩提树。

释迦牟尼成佛之前名叫乔达摩·悉达多，是个王子，比孔子大15岁。他一心一意要超度众生，脱离苦海，摆脱世间的轮回。此前，做了很多无用功，直到有一天，他来到一棵菩提树下，算是找到了落脚地儿。坐下不走了。这一坐就是七七四十九天。在一瞬间，他茅塞顿开，悟出正道。所谓一切痛苦的根源皆因“有我”而生的欲念。于是，他起身离开这棵菩提树，开始了传教生涯。

也就是说，菩提树是释迦牟尼静思默想而悟道的树。有人在七叶树的腰牌上写着“七叶树又叫菩提树”。这是不对的。菩提树是菩提树。它的叶子不是七枚。菩提树是桑科榕属的常绿乔木，七叶树是七叶树科七叶树属的落叶乔木。两个不同家族的树硬要“合二为一”会让树们笑话的。

还有人把七叶树又叫娑罗树，也是不对的。娑罗树是龙脑香科娑罗双属的常绿乔木。娑罗树又名娑罗双树。这是佛80岁高龄，因背疾复发即将谢世而选择的树。也就是说，释迦牟尼提前来到娑罗树下，直到停止呼吸。

既然七叶树和释迦牟尼没有一点关系，那人们为何要“无中生有”地与他结缘呢？这是因释迦牟尼得道后，居住在王舍城。其城内有一岩窟，名叫七叶窟，也叫七叶园，是佛居住和讲经说法的地方。因窟前有许多七叶树环绕，故名。

这下知道了吧，七叶树是与释迦牟尼常年相伴的树。

七叶树小档案：

七叶树，学名（拉丁名）*Aesculus chinensis*。七叶树是七叶树科七叶树属的落叶乔木。原产中国、印度。

夏日花开，却没时间拍了

这些天，每每乘公车，随处可见广玉兰树上的花，洁白，朵大，近距离还能嗅到花香。然而，我的时间如何分配都均不到拍它。每每看着，心想，再不拍怕又要谢了。

黄栌像一团紫红的云，环绕树顶，萦绕心头。每次路过，都恨不得从公车跳到那篱障里去。其实，中途下车即可拍到，但终究挤不出这半小时来。

日子过得像中招，好久都没有闲情款款地走在路上。曾经，款款而行被自己视为一种格调，一种优雅，很小资地配在身上，现在也去得干净利落。只剩下匆匆行走，匆匆饮食，匆匆上课，匆匆读书。原本充实、快乐的日子，因为我妈先斩后奏给报的三门课外辅导班，反倒过得淡薄了许多。对你悠悠的思绪，又挤满了路上那段匆匆的时间。因此，更没时间拍了。

阿木，我爱你，我爱植物。但为了你，我可以不爱植物。

七月，一生就是一句话

人的一生
是在不可知中度过的
听到的
说出的
频率最多的一句是
我不知道

八月，如果身边没有我

太阳是孤单的
它的身边
没有另一颗太阳

月亮是孤单的
它的身边
没有另一轮月亮

地球是孤单的
它的身边
没有另一个地球

你是孤单的
如果身边没有我

我们在槐树下
捉迷藏
嗅着缕缕花香
忘记了
岁月流转

梦在南柯下——国槐和洋槐

国槐又名槐树。自古以来，国槐的树冠高大，宛如一把巨大的遮阳伞，能够遮天蔽日，因而被乡野和宫廷重视。后来，有人把国槐演绎成钱财和权力的形象代言。“门前一棵槐，财源滚滚来”的民谣就是一个例子。

人们为什么把国槐和钱财联系在一起？为什么不说“门前一棵桃，财源滚滚来”呢？我想这可能是因为“槐”和“来”押韵吧。民谣和诗歌一样，讲究押韵。

远古的朝堂，不像电视里的宫殿那么气派，兴许是一个简易帐篷。三公大臣不能和皇上同挤在一个屋檐下，大热天的没地儿去，于是，他们站在天然的遮阳伞下，与君王商议国事。据说《周礼》记载的帐篷外就有几棵大槐树。从此，槐树成了权力的象征，这也是国槐名字的来历。

从远古的那棵国槐一路看过来，每年四月过半，它的绿叶一件件抖出。如果乘公车上学，与街道旁的它隔窗相望，倒也是“盈盈一窗间，脉脉不得语”。又续半月，第一朵小槐花湿润润地钻出枝头。等到槐香盘绕鼻息之间，就到了古人的“槐花黄，举子忙”的时节。准备应考的举人或忙于读书，或忙于向人推荐自己佳作，或忙于结交达官显贵，因此，宋人杨万里作诗说：“阴作官街绿，花催举子黄。公家有三树，犹带凤池香。”

可见，国槐和人们的仕途是挂着钩的。如果在大考时梦到国槐，应该是吉祥之兆。话说唐朝就有这么一个准备赶考的人。那天，他喝了点酒，在一棵槐树下歇息。三分钟后，他睡着了。梦到自己名列榜首，被皇上钦点状元，而且把公主许配给他。婚后，他被派到南柯任太守。梦中一个呼吸，20年过去了。他20年的政绩突出，被朝中大臣妒忌。到了第21年，国家遭到外敌入侵，大臣们纷纷举荐他率兵打仗。他一介文臣，不懂武艺，结果一败涂地，被皇上革职查办。他惊吓而醒。睁眼看到自己在一棵大槐树下，这才平息。所谓南柯，原来是槐树南面的大树枝。这就是南柯一梦的来历。

到了今天，国槐不仅与钱财、仕途挂钩，还与爱情挂钩。

高高山上一棵槐，

手攀槐树望郎来。

俺娘问俺看啥哩，

俺看槐花开没开？

山里的男女约会比较简朴，不比城里有电影院、K歌房、公园什么的，但山里的槐树多。槐树适应性强，除了强酸、重盐碱地之外都能生长。槐花开放的时间长。清淡的花香，让人心醉神迷。墨绿的叶子又帮恋人遮挡旁人的目光。为人们营造淳朴、清新的二人世界，正适合谈情说爱。

阿木，我不止一次幻想，如果我们每周单独约会一次该多好啊。我每次选择不同的树木，只告诉你树木的形状特征，然后你去寻找。像捉迷藏似的，多有情趣啊。

槐花开放，绿叶如羽。一树黄白色的花儿向四周喷洒香气。这香气一下子摄了鼻，勾起袅袅不绝的食欲。人们在一棵棵槐树下驻足深吸，真香啊。

七月是国槐的。

但是国槐花不能吃，有毒。槐豆可入中药，功效神奇。《神农本草经》把槐豆列为上品；李时珍的《本草纲目》中记载“槐实味微苦”，久服可“明目益气”。秋天，在我家的楼下，邻居把煮熟的槐豆放在阳光下暴晒，老人说可晒干用来冲茶泻火。我想，这是民间流传下来的偏方吧。

与国槐携手相牵的洋槐，是17世纪初由北美洲传入欧洲，19世纪70年代由日本引入中国。与国槐同科，开白花。洋槐花的香气更浓。有地方将洋槐花与面和在一起蒸熟，嚼在口中，满嘴清香。国槐与洋槐在外形上酷似，而且它们对多种有害气体都有比较强的抵抗性，这是诸多城市用国槐或洋槐作行道树的原因之一。

为了方便鉴别，我把国槐与洋槐的区别总结如下：

比叶子，国槐叶子长圆形，叶端有尖。洋槐叶子椭圆形，叶端圆滑。

比花朵，国槐花小，白中略带黄绿，花香不足，花有毒。洋槐花大，洁白清香，可以食用。

比枝干，国槐无刺，树皮灰黑，较光滑。洋槐有刺，树皮褐色，较粗糙。

比果实，国槐荚果如念珠。洋槐荚果如扁豆。

另外，玉树临风的“玉树”指的是国槐，古人以迎风的国槐形容翩翩美少年。

夏天来了。什么时候，我和玉树临风的你一同来到南柯下，分享美梦呢。

国槐小档案：

国槐，又名槐树，学名（拉丁名）*Sophora japonica*。
国槐是豆科槐属的落叶乔木。原产中国、朝鲜。

洋槐小档案：

洋槐，又名刺槐，学名（拉丁名）*Robinia pseudoacacia*。
洋槐是豆科刺槐属的落叶乔木。原产北美洲。

很文艺地长在成语里——荆条

昨天是我们“花吧行”的日子，正赶上荆条“秀”花。

“负荆请罪”和“披荆斩棘”是两个很能美化人的品行的成语，荆条在其中源远流长了N年。因为成语里的“荆”就是荆条。荆条韧性极好，常常用来编箩筐。它适应性强，在盐碱沙荒地与蒿属植物混生相伴，成为典型的干旱草地指示植物。与酸枣树伴生时，合称“荆棘”。另外，在山区，甚至在山石缝隙都能“秀”出花儿来。荆条的爱美之心，可见一斑。

看着这一朵朵淡紫色的小花，我的心有点小慌乱。我把它们看成了三维动画，硬是把荆条的小花看成你后背上的汗水，透过衣服一丝丝渗出来，麻麻点点洇出一种特别的味道，一种阳光下人体特有的淳朴的味道。

豌豆的手机没电。老狼和你都举着手机递她。豌豆接了你的手机。这本来没什么。但她把她没电的手机递给你时，我惊异地发现你俩的手机挂件是情侣挂件。这一眼，我的血都凉了。

暑假才几天，你和她的关系发展得这么迅猛，不再是一般好朋友了吧。我忽然觉得你跟我只是一般的好，是我自己脑残夸大了的。你跟豌豆才是真心的。

昨晚，郁闷了一晚。半夜，我又从恶梦中哭醒。

今天上午，看了《两小无猜》。一边看一边想，如果我和你从小认识就好了。感情都是从小培养的。如果我们真的打小认识，我们会不会像苏菲和朱利安一样疯玩那个“敢不敢”的游戏。他们天生是一对玩世的精灵。

看完《两小无猜》，我又流泪了。我不由自主地想，你是爱豌豆的。你们俩青梅竹马，从小一起玩着长大。你怎么可能爱我呢。我既不是你儿时的玩伴，也不是你小学、初中的同学。豌豆是，一直是，到现在都是。

荆条小档案：

荆条，学名（拉丁名）*Vitex negundo* var. *heterophylla*。

荆条是马鞭草科牡荆属的落叶灌木。原产中国、日本。

花开是自然
花落是自然
花未开而落
也是自然

如风，如雾，如精灵——珍珠梅

总有些故事的起始跟大自然有着莫名的联系。

我们的故事还没有开始，就已经在我观赏珍珠梅的时候结束了。今天，我给你发了一条短信。你仍然没有回我。不回就不回，我们结束。

珍珠梅拖着长长的绿叶裙，忽闪迷蒙而灵巧的白花眼睛。我觉得珍珠梅客串了《非诚勿扰2》里的开头，成为离婚仪式上最重要的嘉宾，为一个故事的自然蒂落，调皮地眨着长于眼睛的睫毛戏谑、首肯。

不论怎样炙热的表白信，都换不来你的两个字“收到”。如果此前，我怀疑豌豆爱你，我爱你，你有点为难而有所掩饰的话，那么此刻，我全明白了。你根本不爱我。或你怕伤到我，不想亲口说出你不爱我这句话。

花开花落，或者花未开而落，于花而言，都是无力改变的。譬如珍珠梅，花开之前的绿色花苞，粒粒如珍珠一般；花开之时，为何是白色的五瓣，似梅花？极其个性的是花蕊为何长于花瓣而凸显灵性？以及被命名为珍珠梅等等，都不是它所能选择的。它所能选择的就是“原本这样”。

如同故事的开头，我接纳了故事的结尾。无怨无悔，无期无望，万物和我和你原本这样。

珍珠梅开在炎炎夏季，给疯狂的幻想者送去一丝凉意。

珍珠梅小档案：

珍珠梅，又名华北珍珠梅、吉氏珍珠梅，学名（拉丁名）*Sorbaria kirilowii*。

珍珠梅是蔷薇科珍珠梅属的落叶灌木。原产中国。

如果在乎名
你会为名而伤心
如果在乎物
你会为物而伤心
如果在乎一个人的情感
你会为一个人的情感而伤心

如果什么都不在乎
你会为“什么都不在乎”而伤心

出家的植物也开花——桔梗

阴了好几天。今天见晴，太阳稀薄得很。因为要拍桔（jié）梗，我早早起了床。

我来到桔梗所在地。露水还在花朵和花苞上。太阳仍旧稀薄。照理说，它不是朝开暮谢的花，改天大放晴光再来光顾也不会迟。可我耐不住性子，仿佛它等我等得实在久了，心中牵系得要命。只想尽快尽早见了它，如了心愿。

桔梗，也叫僧冠帽。你看这一朵朵等待开放的花苞，酷似僧人的冠帽。莫非它在植物界是出了家的？既然出了家，为何“还俗”绽放了花朵？我猜，它也逃不了人间一个“情”。有人爱它，喜欢它，天天守望并关照它，它总是狠不下心，佯装自己已经灭寂了吧。于是，在无数个“佯装”之后，它的心活了、跳动了，慢慢地向它心爱的人展开。

我爱你。我为什么要佯装自己不爱？桔梗都懂爱，何况我。

蘑菇电我。我捂着手机流下委屈的泪水。我告诉她说我仍然爱你。蘑菇以一个过来人的口吻说你和豌豆铁定的爱了。这句话像一把盐撒在我没有结痂的伤口上。蘑菇说你从来没有爱过我。听完这话，我涕泗横流。是吗，阿木，难道你真的没有一点点爱我吗。蘑菇说伤心是难免的。她说的没错。我的泪水滂沱成一条河，在没有结痂的河床上肆意流淌。难道，爱我一下你会死吗。蘑菇说你就是一般人，只不过学习好罢了。只要下狠心，谁的成绩比你都差不到哪去。蘑菇劝我甭在一棵树上吊死，她说比你好的男孩多得像树叶。蘑菇说……

我很快擦掉眼泪，挂断她的电话。我不允许任何人说你不好。

桔梗小档案：

桔梗，又名僧冠帽、气球花，学名（拉丁名）*Platycodon grandiflorus*。桔梗是桔梗科桔梗属的多年生宿根草本植物。原产中国。

如音符
不热不冷
不喜不怒
你在我平静的心坎上

如月亮
不近不远
不亲不厌
你在我生命的轨道上

叶子的背面不是绿的——白背叶

你真的没有一点点爱我吗?

我在一棵白背叶树下，演绎着你和我的故事。

你爱我。那天，在校医务室，你的眼神无时无刻不在表白——我们的爱情天长地久，永远不变；你的语气无时无刻不在表白——你的心满满的都是我，没有一点多余的地儿对别人好……

我相信你，相信你心底的每一句话。我相信爱情永远。相信时间停止。相信地球已经毁灭，万物不复存在。我相信这世界只有你和我。

太阳照常升起。

你真的没有一点点爱我吗?

我在一棵白背叶树下，演绎着你和我的故事。

为什么在你的眼睛里找不到我。你和她互相看着你们手机上的情侣挂件。你的心满满的是她。你的心没有一点多余的地儿对我好。你的心对她说你们的爱情天长地久，永远不变。我的心坠落在冰天雪地。

太阳照常升起。

你真的没有一点点爱我吗？

我在一棵白背叶树下。阳光拥抱了这棵白背叶树。白背叶坠着穗状花，袒露阳刚之美。

它不仅花特别，叶子也奇特。它的叶子和泡桐的叶子看上去相像，实则不然。泡桐是玄参科，白背叶是大戟科。白背叶的叶背面是灰白色。这就是它为什么叫白背叶的原因。我一直惊讶我们的先人给予植物的命名，这些名字恰如其分地表达了植物的外貌特征。白背叶的叶子貌似泡桐的叶，因此，又叫白桐、秋桐，和“桐”字沾上边。

这一片片外表浓绿的叶子，其背面却是灰白色。我的眼睛全是白背叶。如果只看叶子表面，不看背面，我就犯了以偏赅全的毛病。一个人看不到事物的另一面，是自己认知不全，怎么能怪白背叶呢。

我为什么探究你的眼神？地球压根儿没有毁灭，每天都在走动。我为什么把你关切到发怒的语气当成永恒？

太阳照常升起。

白背叶小档案：

白背叶，又名白桐、秋桐，学名（拉丁名）*Mallotus apelta*。白背叶是大戟科野桐属的落叶灌木或小乔木。原产中国。

爱神，你干嘛在这里
一手拿一只沙漏计时
怎么，轻浮的神
你竟然用两种方法计时
这只漏得慢的
你给身处两地的爱人们计时
那只漏得快的
你给相聚一地的爱人们计时

心在针尖上走——凤尾兰

这是歌德写的诗。

难道，我冒犯了爱神。他把漏得慢的这只给我计时。快点开学吧。简直是度日如年。深夜，我躺在床上想。爱神，请给我用漏得快的计时吧。

爱神听到了我的默祷，回报我一个梦魇。梦中你拉着豌豆疯跑，故意躲我。我哭醒了。我想，你爱豌豆，不必躲我。我没有一点点勇气去破坏你们。我的心在针尖上走。刺痛的是我自己。又一想，这是梦啊，我何必当真呢。又又一想，虽然是梦，但现实和梦又有多大区别呢。

我们的先人不仅给植物起名形象、生动，单单一个汉字就告诉我们很多道理。

比如“囚”这个字。四面是墙，没有一扇窗口。壁立千仞，没有一步台阶。无论多么强大的人困在里面，都会窒息。这跟秦始皇的墓穴本质上没有区别。

明知道你不爱我，我做不到不爱你。我把自己“囚”在这里。

比如“人”这个字。顶天立地，无遮无挡。迈开双脚，就可以走向四面八方。无论多么弱小的人，只要迈开大步，太阳就成了他（她）的粉丝。

我应该走出去，蓝天、绿地和鲜花都在“囚”外面召唤我。

比如“沁”这个字。心旁有水，永不枯竭。水即是爱，爱即是水。心是爱的发源地，心中的爱流向自身，也流向外界。

凤尾兰的底座如莲花，叶子像针刺一样辐射，让人望而却步。中间的茎干，自上而下悬挂一周白色的花蕾。这些吊着的花蕾沁着爱意，遇到风，膨胀成饱满的小花，白色乒乓球似的。

每一朵沁着爱意的小花都是松了口的。它们在针尖上走。你可以读到里面的篇章。

凤尾兰小档案：

凤尾兰，又名凤尾丝兰，学名（拉丁名）*Yucca gloriosa*。凤尾兰是龙舌兰科丝兰属的常绿灌木或小乔木。原产北美洲。

除我之外，别人都不配长眼睛——孔雀草

孔雀草在花界。

人在人界，仙在仙界，鬼在鬼界。各界之间没有围墙，没有边界战士把守，很容易就搭了进来。

一首歌曲在耳麦里跳跃。生活在当下，万分之一的好处就是音乐可以随身听。我不知道自己在花界还是人界，抑或是鬼界。神界，是入不了的。我离神太远。神不会生气。我会。

花朵就是孔雀草的脸蛋。

阳光下，孔雀草扑闪温暖而明亮的眼睛，目不暇接地看着所能看到的一切。它的好奇和单纯毫不掩饰，让人一目了然。看到它，我恨不得要亲吻它。我把这张图片传到电脑硬盘。

除我之外，别人都不配长眼睛。说这话的是一只蝇子。

老狼的电话过来。他问我是否在拍照，若是他不敢多说了。我说在电脑前。他说下午一块去书店吧。我说不去。他说你特意让他邀上我。一听到你，我的气不打一处来，虽然我的心掉在跑步机上，剧烈地跳动。我生硬地说不去。并且告老狼最好也别去。老狼问为什么。我说林某人可以直接邀豌豆呀，免得多出来一堆电灯泡，看着都扎眼儿。老狼说我吃醋了。我摁灭了他的笑声。

老狼像一只蝇子，又打电话过来。

“我说过了，我不去。”我赌气说。

没想到手机里传出的不是老狼的声音，而是你——对不起，是我。也许，也许有人很希望你来。

一句对不起，我的眼泪掉下来。我爱你爱得好委屈。你仅仅说一句对不起，就刺痛了我的心。

孔雀草小档案：

孔雀草，又名红黄草、小万寿菊，学名（拉丁名）*Tagetes patula*。
孔雀草是菊科万寿菊属的一年生草本植物。原产墨西哥。

望眼欲穿——凤眼莲

你听说过凤眼莲吗？没有。

那么，水葫芦你见过吧，这是凤眼莲的另一个名字。

凤眼莲是“移民”来的。它的籍贯是南美洲的热带地区。为了拥有一个汉语名字，它远眺亚洲大陆，望眼欲穿，最后跋山涉水来到了中国。向来智慧的中国先人从不辜负任何一个外来“移民”的。

第一位叫它凤眼莲的人，应该是夏天控。每到夏天，他不仅双手欢迎，而且双足拥抱。那个夏季，绝大多数人在自家门前的树下纳凉。少数人在树干上置吊床。有一天，夏天控走到一个水塘边，被眼前的景象迷住了。新移民正在招呼他，捧出一堆蓝紫色的花。夏天控匍匐在地。

“我早看见你咯。”新移民说。

“那当然，你是凤凰的眼睛嘛。”夏天控看着花瓣中像眼睛状的黄颜色说，“这水塘原来只有莲，你是啥时候来的？”

“前不久。”

“凤眼莲，我干脆叫你凤眼莲吧，你是我的花儿。”这一晚，夏天控和衣而卧，住在水塘边。凤眼莲的名字乘着晚风传遍了水塘西岸。

次日，天蒙蒙亮，夏天控被一阵清脆的歌声唤醒。他坐起来聆听，水塘对面的女子在唱。“你唱的水葫芦在哪儿？”夏天控问。

女子站起来，甩了甩手上的水，指着凤眼莲说：“你看，这个不就是水葫芦吗？”

“哦。”夏天控看着像葫芦状的叶柄，若有所思。

水葫芦的名字乘着晨风传遍了水塘东岸。

阿木，这是我杜撰的凤眼莲的故事，你喜欢吗。我知道手机挂件纯属巧合，难怪你那么专注地看她的手机。我希望“纯属巧合”、“和豌豆是一般好朋友”之类的话，由你亲口告诉我，而不是借老狼这张嘴。

凤眼莲小档案：

凤眼莲，又名水葫芦，学名（拉丁名）*Eichhornia crassipes*。
凤眼莲是雨久花科凤眼莲属的多年生浮水草本植物。原产南美热带。

貌似，貌不似——柽柳

柽柳耐干旱，耐半阴，极易成活，而且寿命长。起先，我把它错看了柏树。貌似，似到以假乱真的地步，和柽柳的“柽”字有一比拼，貌似“怪”。柽柳的“柳”字，缘于枝条下垂。它的另一个名叫红柳。红柳的“红”字，源于其树枝的颜色是红色。三春柳这个名字是指花期漫长。

今儿上午给你发一条很长的短信。你的机号我背得滚瓜烂熟。面对手机看了大半天，才下定决心摁下发送。以至于后来我都想不起为什么要给你发短信了。也许是因为这么多天看不见你，我的心失落和牵挂得很。

你仍然没有回我。等了一个下午，我有成千上万个胡思乱想，我想你可能收不到我的短信，也可能是豌豆把我的机号给屏蔽了。否则，你不可能每次都不回我。实在没有办法，我借老狼这座桥。

老狼说你看到了我的短信。我的脑袋瞬间大了。

阿木，我就是搞不明白，你为什么不回我呢？

老狼说当时你和豌豆两家在看电影。

阿木，我更搞不明白了。这不是你不睬我的理由呀。为什么只要豌豆在场，你像被她领养多年似的，做什么都要先看她的脸色呢。我们在“不言爱”的爱情中，始终剔除不掉豌豆在里面的因素。既然你和她是普通朋友，你为什么处处在意她的感受。你为什么没有顾及我的感受。既然你这么在意她，你为什么不爱她。你又不是什么电影明星，害怕雷倒一大片影迷吧。

我累了。我走不出这个怪怪的迷宫。我发现我恨我自己，而不是你，也不是豌豆。

认真考究柽（chēng）柳这个名是无果的。“柽”字无字义，它和柳字组合为柽柳，才有了释义，即植物柽柳。可以肯定，第一位命名它的人，当时正在失恋中。他常年生活在一棵“树皮暗褐色，枝条下垂”的落叶灌木或小乔木旁，且一年中至少半年的时候它在开花，问谁谁都不知道这是什么树，或是谁都来请教他他不知其名，于是，在一个失恋的午后，又有人来问，他随口叫了柽柳。从此，这树就有名了。

人都说一醉方休。以这瓶橙汁为界，那边的就全忘记吧。我果然忘记老狼是怎么来的。我哭了。我告老狼说你爱豌豆，不是我。老狼说如果真心爱一个人，就要完全相信他（她）。我说如果明明知道这个人爱别人呢。老狼说如果爱只是为了换来回爱，就不是真爱。

柽柳小档案：

柽柳，又名三春柳、红柳，
学名（拉丁名）*Tamarix chinensis*。
柽柳是柽柳科柽柳属的落叶灌木或小乔木。
原产中国。

植物也要“普通话”

植物的中文名太多，不仅花商可以随心所欲起名，而且地域差别很大，各种叫法如沙子，而找出一个确定的名字好比沙子里的黄金，太难了。

记得有一次，询问吊竹梅的价钱，售花老板娘随口叫它猫眼草，而且解释说，你看它的叶子像猫的眼睛，所以叫猫眼草。殊不知叫猫眼草的是另一种植物。

还有，植物重名的现象时有发生，比如千年木，通用名有好几个，且不说了，而外形差别很大的，也有叫千年木的。换句话说，叫千年木的竟有好几种植物。有的地方称某种千年木为马尾铁，正规书中都未提及。

我认为，植物的通用名尽可能避免重名。这件事，在历史上曾经混乱过相当长的时期，最终在全世界范围内确定植物名称的，是瑞典的植物学家林奈。他成了现代生物学分类命名的奠基人。同一种植物，而不管你说的是汉语，还是英语、法语、德语等等，都不会弄混淆。因为它的学名来自拉丁文，并且用科属双重命名的方式而确定下来。

全世界的植物名都拉丁文统一了，繁杂零乱的中文名是不是也该规范一下。现在，嫁接或杂交的新品种层出不穷，貌似相同的植物太多，再加上各地叫法不一，让初学者识别起来，更是丈二和尚摸不着头脑。如果规范一下中文名，像全国普及标准普通话一样，就方便多了。

人生犹如天涯行——红花酢浆草

时空是一间偌大的房子。从来没有人是它的房主。纵使你我分秒不弃的厮守，也不过是篱下的眨眼即逝的无数过客之一二。

阿木，我以为你会短信或者电我。我每时每刻把手机握在手中，生怕你联系时，我应迟了。

你没有一个电话，也没有一条短信。我只身走在野外。有点冒险。在我心里早存了这个打算的。你知道的，我是个植物控，喜欢植物是我生命的一部分。野外植物天然生成，我早想拜访它们咯。

与我相伴的是红花酢（cù）浆草。无论走到哪里，它都一路相随。从你的脚下追逐到我的脚下。而我们继续在玩静默的游戏。这个静默空间足够大。我想你的种种好。想你“偶尔笑起来温暖的样子”；想你去学校医务室看我时发怒的样子和口气；想你在食堂的路上前后张望，一旦找到我，就闪一下“走光”似的笑容；想你在大课间，我们的目光越过拥堵的人头在空中相聚……

时间一分一秒地过去了。

沿途的每一片绿叶，每一朵小花，每一声鸟鸣，我都想告诉你。所有我认为的美好画面，我都想第一时间告诉你。希望你能分享。希望我见到的美好画面，能使你快乐。

放弃就是一种快乐。这是哪老几说的呀。这句话居然很流行。我准备体验一下。若灵验了，便当成名言警句或古董，传于后代子孙；如不灵验，当成垃圾丢进纸篓。

红花酢浆草向远方的同伴传递着我的行踪。不然，我怎么老看到它在我身边。

当我走到两条路的交汇处，这路红花酢浆草和那路红花酢浆草相遇。我蹲在它们的接头地点。我想，你爱豌豆就放心爱吧。我祝福你。我明白了一个道理：你爱不爱我是你的事，我还爱你是我的事。我回放了认识你以来的每张画面。你真的很好很好，无可挑剔。

红花酢浆草的花儿日开夜合，即使白天，也要等太阳升到一定高度才张开，对阳光极其敏感。晴天开放，晚上及阴雨天里闭合。花期是4～11月，长达8个月。

时空是一间偌大的房子。大房子没有房主，所有来者都是寄人篱下的过客。既然如此，我们为什么不像红花酢浆草这样结伴而行？

红花酢浆草小档案：

红花酢浆草，又名三叶草、大叶酢浆草、铜锤草，学名（拉丁名）*Oxalis rubra*。红花酢浆草是酢浆草科酢浆草属的多年生草本植物。原产巴西。

原以为句号后面
没有标点
原以为你的心和我的心间
堆起万丈雪山
原以为再见
视同路人

相见瞬间
你我笑了
灿若婴孩

独坐黄昏谁是伴——紫薇

从床上起来，我穿好衣服，往你家走。你家的门没有关严，我无声走进你的房间，趴你身边说我睡不着。你站起来，抱着我出了门。街上空荡荡的，没有一辆出租车。你一直抱着我，像父亲似的，把我送到了家。

我醒来后，发现自己在客厅门口。我梦游了。

吃过早饭，我骑车去书店。我不能让我自己出事。我若出了事我老爸老妈没法活了。我不能只爱你。我决定放弃你。马路中间栽种了一行紫薇树，开着茂密的红花。

紫薇的花蕊是豆黄色，花是紫红色，因而得名。形容花朵的词也和紫薇沾上了边，像姹紫嫣红、婀娜多姿、轻柔婉转，如是白色的紫薇花，可以称晶莹剔透、纤尘不染……一团团，一簇簇的奔放，从夏开到秋，这是它又名百日红的原因。因为花大，怒放时树枝上炸开一串串燃着的鞭炮，所以，它的另一个名叫满堂红。

紫薇是什么时候进入文人墨客的笔下，一时无考，但在白居易生活的年代，紫薇迎来了它历史上的鼎盛年华。唐代中央行政最高的机构之一中书省更名为紫薇省（“薇”一作“微”），以像天上紫微之位，而中书省的官名因此被戏称为紫薇郎。白居易的诗《直中书省》就证实了这一说法：

丝纶阁下文章静，钟鼓楼中刻漏长。

独坐黄昏谁是伴，紫薇花对紫薇郎。

那天，白居易一个人坐在办公室值班。四周非常静，连一只蚊子都没有。他不想读书，也不想喝茶，呆呆地让自身消融在一片寂静里。时间缓慢缓慢地走着，一步九回头地眷顾他。他的心非常好奇地跳到他身体的前方，频频地回看他自己。原来他坐在黄昏里，与他的肉身相伴的不是夕阳，而是站在夕阳前面的紫薇花。紫薇花安分无语，守候着紫薇省里的他消融在那片寂静里。于是，他的心抓住他的手，写下这首诗。

一棵长成小乔木的紫薇投影到书店的墙面。我想起欧·亨利式的故事情节——常常给人意想不到的结尾。我们的结尾不是戛然而止，也不令人回味。我给我的初恋故事画上一个大大的句点。临窗而坐，可以看见外面的紫薇。我选择一杯红萝卜汁。在红萝卜汁还没有加冰之前，我随意地翻着《欧·亨利的短篇小说集》。

书店里一首老英文歌曲在耳边回转，好熟悉的音乐。今天是明天的记忆。我把每一个“今天”都画上句点。我不再想你。从此。若干天后，你在我的人生途中成了一串数不清的句点。

阳光缓缓地飘落下来。我坐在一杯红萝卜汁旁边。如果“独坐”是白居易的一首诗，那么“孤单”就是我的一个故事。我说过，对我看来，任何惦念都会成为一个故事。

冬天的紫薇是一棵“光秃秃”的树。它的树皮自然剥落，树干平滑、细腻。这和大多数树种不同。所以，它又叫光皮树、痒痒树。

放下书，我给自己补充红萝卜汁。突然，一个熟悉的身影走来。你翻着《欧·亨利的短篇小说集》向我靠拢，快走到近旁时，你看见了圆桌上的《欧·亨利的短篇小说集》和一杯红萝卜汁。你我相视的瞬间，笑了，灿若婴孩。

呵呵，如果“孤单”是一个故事，那么两个“孤单”就是另一个故事了。

紫薇小档案：

紫薇，又名百日红、光皮树、痒痒树、满堂红，

学名（拉丁名）*Lagerstroemia indica*。

紫薇是千屈菜科紫薇属的落叶灌木或乔木。原产亚洲南部及澳洲北部。

因籍贯而得名——海州常山

在所有的植物通用名中，最离谱的就是“海州常山”。乍一听像列车员报火车站名。可不是吗，海州和常山分别是两个地名。古是，今也是。为什么用两个不相干的地名来命名一种植物呢？最先喊叫的是一个什么样的人？

对于不确定的东西，心里总揣着一份牵挂。带着疑问，我又一次来到海州常山的面前，希望找出答案。

植物的名字一向都是有来头的。在古代，常山不仅是地名，也是一种植物名，而且作为植物名的常山比地名更有来头。常山的幼苗叫蜀漆。蜀漆是一味中药。桐树的幼苗叫桐树苗，鸡冠花的幼苗叫鸡冠花苗，为何常山的幼苗不叫常山苗而又另起一名叫蜀漆呢？

殊不知，同一植物不仅不同地儿有不同的叫法，就是同地儿的人叫法也各异。既然如此，有人叫蜀漆，有人叫常山也就听之任之。

现在理清了常山是植物，那么它与海州又有什么关联？原来，宋代的《图经本草》在“蜀漆”名下记有“海州出者，叶似楸叶，八月有花，红白色，子碧色，似山楝子而小。”这段文字与书中所附的一幅“海州蜀漆”的图相应，就是说，海州蜀漆即是海州常山。因它最初在海州这地儿发现，就这样叫开了。最先称呼的人叫它“海州蜀漆”，后来渐渐演变为“海州常山”。

这么梳理，就把这晕人的名字给弄清了。前天，蘑菇说你跟豌豆一起看动漫展。听到这个消息，我很难过。早上五点从梦中哭醒。阿木，我是真的爱你呀！

海州常山的另一名叫臭梧桐。仿佛骂人一般。它的叶与梧桐的叶相似，所以，沾上“梧桐”二字。“臭”字主要来自叶片的气味。海州常山的叶有一股臭气，以手搓之气味更浓，因而被称为“臭梧桐”。不过，“臭”是相对的。春末夏初，臭梧桐的嫩枝、叶片可作药用。晾干后的叶片不仅无臭味，反转有清香之气。

到了盛夏，海州常山的鲜花开放。先从绣着粉边的五枚花萼里，浅浅露出帽顶形的花蕾，乳白色的，然后慢慢绽裂五瓣，同时，一支雌蕊和四支雄蕊探出头，这时，花瓣变成白色或其中带有粉红色，花柄仍然是紫红色，很是喜人。

八月是海州常山的。

花朵凋谢后，五枚花萼成了坚硬的红五角星。红五角星的中心有乳白色的“眼珠”，后来变成“蓝眼珠”。而这个“蓝眼珠”就是它的种子，红五角星是专门吓唬小动物的，以便“虚张声势”地保护种子。

今儿上午，老狼告我说大家一块去看动漫展，因为我和蘑菇关机，没有通知到。老狼说你特意提到我，你说最后一天漫展，再不看就没有机会了。阿木，是这样吗。谢谢老狼告诉我真相。今儿一天，我很happy。

海州常山小档案：

海州常山，又名臭梧桐、泡火桐，学名（拉丁名）*Clerodendrum trichotomum*。
海州常山是马鞭草科大青属（赪桐属）的落叶灌木或小乔木。
原产中国、朝鲜、日本及菲律宾。

掐枝造林——青锁龙

青锁龙极易扦插成活。去年，我购一株青锁龙。今年，它长势极茂。上月，我掐断一小枝，放在另外一个小小盆中，当下浇一次水，它居然活了。我把它带到寝室。串寝的同学一进来，目光就被青锁龙绊住了。

前些天，我嫌家里的这株长得过于茂密，就又掐断一小枝，仅一次水，又活了。等扦插的小株长大一点，我把它放在电脑桌上。我这么计划。

三天前，客厅、厨房、阳台、卧室、电脑桌上都是我扦插的青锁龙。看着自己亲手掐捏成活的植物，心里有无限成就感。想那女娲捏泥造人，也不过如此。

阿木，我很想送你一盆。与植物相伴，至少改变一下你那张寡薄的面孔——喜怒哀乐都埋在深海，永远让人看不懂似的。我知道，你的“深海”不是这样的，对不对；你的“深海”藏了很多话要对我说，对不对。我等你。

青锁龙小档案：

青锁龙，学名（拉丁名）*Crassula lycopodioides*。

青锁龙是景天科青锁龙属的多年生常绿亚灌木状匍匐多浆植物。原产南非。

白居易“诽谤”了我——木芙蓉

木芙蓉最喜秋高气爽、月明星稀的日子。每到此时，它都要细细妆扮一番的。其他树木的绿叶在秋风的邀请下变了颜色，一批批移民到了别处。木芙蓉的叶子依旧守在这里，它的根在这里，它的历史也在这里。尽管有一段时间，它不喜欢那个叫白居易的人。

说来话不长，但年代有些久了。唐人白居易一生爱“拈花惹草”不说，还夸张地把杜鹃奉为“花中西施”，这也罢了，杜鹃是杜鹃，白居易是白居易，木芙蓉是木芙蓉，本来三不相干的事，偏偏白居易“诽谤”了木芙蓉。杜鹃花开得早，“九江三月杜鹃来，一声催得一枝开”，杜鹃鸟一来，杜鹃花就开。白居易不问杜鹃花疼痒，就信手折下了两枝。虽然没有目击证人，但有文书资料，比如《山石榴，寄元九》（题文的山石榴即杜鹃花）中记载了事情发生的详细经过——闲折两枝持在手，细看不似人间有。花中此物似西施，芙蓉芍药皆嫫母……

就是省略号前面的这一句，木芙蓉郁闷老长一段时间。

嫫母，你知道是谁吗？她是丑女的鼻祖，5000年前黄帝的妃子。黄帝拿自己当“范儿”，担心他的部下为了争抢美女而窝里斗，特意娶的第四个妻子。芍药是不是嫫母，跟它没什么相干的。而排在芍药前面的芙蓉，跟它关系大了。这个芙蓉可不是“涉江采芙蓉”的芙蓉，而是和芍药一样长在地面上的木芙蓉。它被白居易骂为丑女。

好在有人与白居易的观点不同，称它为“拒霜花”。

霜降是每年10月下旬的事。入秋后，气温下降，空气中的水汽凝结为冰晶落在地物上，就是霜。这时，树叶变黄飘落。如黄叶不扫，积成一尺高也是一景。每天，城市清洁工把落叶扫拢来，装到三轮车上，不知运到了哪里。话扯远了，接说霜降。有人以“千林扫作一番黄”反衬霜的强大有力。然而，任何事情都不是绝对的——“只有芙蓉独自芳”，这个芙蓉就是木芙蓉。木芙蓉从秋到冬开着花，像有意挑战霜似的，或者说它最适宜在霜季展现自己。

以上是宋人苏东坡对木芙蓉的评价。自从苏东坡给木芙蓉平反后，后人给木芙蓉填写的“品格鉴定”越来越多，木芙蓉倒是见怪不怪，习以为常。

呵呵，你听说了吧，刚一开学，小鱼又写了一封情书。虞美人不睬他。听到这消息，我开心呀。对于小鱼那样的，就得恶人恶报。可是蘑菇还念旧情，没有我开心。恶人小鱼为了追到虞美人，为了将来考上同一所大学，竟然在寝室里打小手电玩命学习到两点。小鱼不要命，玩“自焚”呐。我给雷倒了。爱情的力量多么大啊。30名要追上前10名的人，中间有多么漫长的20人。而且，小鱼的爱情还得在大学里继续深造，这多么给人启发啊。若是小鱼爸妈知道，还不倒过来感谢虞美人。

木芙蓉小档案：

木芙蓉，又名芙蓉花、拒霜花，学名（拉丁名）*Hibiscus mutabilis*。
木芙蓉是锦葵科木槿属的常绿灌木或小乔木。原产中国。

所谓伊人，在水一方——大花美人蕉

在植物界，被人们命名为“美人”的并不多。在我印象中有弱不禁风的“虞美人”，罂粟科的；有矮小伏地的“美女樱”，马鞭草科的；有灌木猬实，又名“美人木”，忍冬科的；另外就是亭亭玉立的“大花美人蕉”，美人蕉科的。

在几个“美人”植物中，花期最长的恐怕是大花美人蕉，长达半年。昨天在开，今天在开，明天在开。不知什么原因，我对美人蕉抱有成见似的，总不愿提它。这红艳艳或黄灿灿的花，我为什么懒得提呢？细想，可能是因为花期过长，抑或花朵过于热烈。不该呀，既然都是植物，我何以偏偏成见它呢？又细想，原因是忒普遍。

校园、公园、医院、普通的小院、路旁、池边，大都可见。大花美人蕉茎粗叶壮，花朵艳丽。

今天的“花吧行”非常沉默。豌豆看书，蘑菇画画，老狼在逗蚂蚁玩，瓶盖在拍照，你在听歌，Q躺在地上看“白云”故事，另外两位一个在看电子书，另一个在玩手机游戏。我在远眺人工湖岸上的大花美人蕉。

以前，我不怎么待见它。但今天，我要感谢它。是它给了我启示。我已经向你表白过了，以后不再表白。阿木，我要向你学习，把心里话储藏在“深海”保险箱里；我要向大花美人蕉学习，把我自己从你眼睛边、耳朵边拉得尽量远，远到那边的岸上。

大花美人蕉小档案：

大花美人蕉，又名美人蕉、红艳蕉，学名（拉丁名）*Canna generalis*。
大花美人蕉是美人蕉科美人蕉属的多年生草本植物。亲本种主产美洲热带。

你是我的树，我是你的花——茑萝

《诗经·小雅》记载了茑萝。“茑与女萝，施于松柏”，意思是说单个生活是孤单的，脆弱的，不知哪天就消失了，没有安全感。人应该像茑萝一样，和松柏生活在一起，彼此依靠，既安全，又有情趣。

茑是桑树上的寄生伙伴，女萝是一种名叫菟丝的植物，它们有一个最大的共性，就是依赖“兄弟”而生活得更好。松、柏、桐、银杏等乔木，是它们的大靠山。因为茑与女萝形态相似，故将二者合名为茑萝。

这样说来，茑萝在2700年前就土生土长在中国。

令我费解不堪的是植物书上说茑萝的原产地是热带美洲。在原产地这一条上，压根没提中国的事儿。既然它的原产地不在古代中国，《诗经》里记载的茑萝又是哪位？若彼此不相干，为什么偏偏又“画蛇添足”记了这一条？

为此，我网购了全套《诗经》。《诗经》注释茑、女萝为寄生植物。这么说，茑萝在中国是自古扎了根的。

我常常这样，因为某一植物而查阅好几本书。话说认识茑萝，纯属意外。那天，我经过一办公楼的大门，门口靠墙处有几株盆栽植物，其中一盆是一棵小银杏。树上点缀着红色小花。羽状的叶子层层叠叠，叶片像小小鸟儿的翅膀，鲜红的花朵像五角星，整株植物缠绕在一棵小银杏树上，呈螺旋状攀升。

若见了它的叶子，你会恍然明白它的另一个名字——羽叶茑萝；若见了它的整体，你会蓦然称许它还有一个名字——游龙草。若恰巧在花期遇见，你信口开河就叫出了它的名字——五角星花。

茑萝把一朵朵红艳艳的花呈献给了这棵小银杏。茑萝告诉我们，人是孤单的。每个人应该找到自己相依的伴儿。阿木，你是我的树，我是你的茑萝。我要为你绽放红色的五角星花。

在我的眼睛里，很少看到有一株独立生长的茑萝。在茑萝的眼睛里，大老远就看见一棵乔木，并与之缠绵成一家。

茑萝小档案：

茑萝，又名游龙草、五角星花、羽叶茑萝，学名（拉丁名）*Quamoclit pennata*。茑萝是旋花科茑萝属的一年生缠绕藤本植物。原产热带美洲（或不详）。

我与两只兔子

今天上午11点，我到了东区绿地。绿地面积比较大，我不知道在哪里落脚。举目踌躇之时，地势稍高的林地进入我的视线。去那里吗？一只灰褐色的兔子回答了我。我怎么也没想到，它已经和我对望多时。天呐！一只兔子！

我曲身掏包里的相机，它转头跑掉。希望它跑得不远，希望它好奇地隐藏在能够目及的地方窥视我。提着两个包，我向兔子的临时栖息地走着。突然一只兔子掉头跑了。和前面那只几乎一模一样。仿佛那只偷偷回来了。我遗憾的同时，夹杂着一丝愧意。也许这两只兔子正说悄悄话呢。

一只哑巴喜鹊住在林中。我选择林中央的一棵树。树根上面约50厘米处，自然弯成一个弧度，我正好可以慵懒地依着。我的邻居是蚂蚁部落。手机播放音乐。我和蚂蚁相安无事。太阳一露脸，蝴蝶们纷纷起舞。

这是栾树和丁香相伴的小树林。栾树高大，丁香低矮。丁香树下，长着零星的小丁香苗。

前几天下了雨。地面潮湿。我吸收地气过量，有点着凉。阳光从绿叶丛里钻进来。南风习习吹，高处的叶子左右摇摆，近处的叶子瑟瑟发抖。

一直认为“背负青天”是毛泽东的胸襟大志，事实上，貌似无“政治头脑”的庄子，在他的《北冥有鱼》里说，大鹏能够展翅千万里，凭借的是“积而厚”的大自然的风力。这算是他的“托物言志”。大鹏如此，人亦如此。如果不从大自然中汲取营养，我们的内心又如何丰满呢。

我顺便拍了路旁的葱兰。拐回来的时候，小树林来了很多人。他们是园艺工人。

直到我离开，那两只兔子一直没有出现。很念，很想。

九月，一条爱情方程式

如果喊你，你不安
我会安静看着你
如果看你，你慌乱
我会低头回想你
如果想你，你不知
我会写信告诉你
如果告你，你不语
我会默默爱着你

十月，吃点小醋不算错

爱是圣洁的
容不得践踏

爱是自私的
容不得共享

月亮是温柔的
有了它
夜晚是美妙的

你是温暖的
有了你
夜晚是踏实的

月亮之上，话团圆——桂花

一夫一妻制是新中国成立以后的事。早在远古，后羿和嫦娥就是一夫一妻制的范儿。他们情深意笃。如果不是后羿射日，也就没有嫦娥奔月的“杯具”。

后羿射掉九个太阳，王母娘娘赐仙丹。后羿想，自己成仙到天堂，嫦娥依然在人间。没有嫦娥，天堂还有什么风景；没有情爱，神仙又有什么活头。但碍于王母娘娘的美意，他将仙丹带回家中。不料，嫦娥吃了仙丹，飞升到月亮上。

细细追究这件事，我觉得怪后羿。后羿是个榆木疙瘩。他把仙丹带回家中，一分为二多好啊，即便“仙气”不足，他们到不了天堂，但可以比翼双飞，做一对空中飞人呐。

事发之后，后羿不反思自己的过错，反而恨得咬牙切齿，恨不得用射落九个太阳的神箭，把缓缓飘去的嫦娥一箭射死。后来真相大白。后羿的徒弟逢蒙窃之，嫦娥情急之下，含在口中，即化而食。可怜的嫦娥悔之晚矣。没有心爱的老公作伴，即便她长生不死，又有何用。

两相苦念，感动了“罪魁祸首”的王母娘娘。允二人月圆之日，在桂花树下团圆。后来，地上的人效法月宫里的人，每年的中秋，过起了团圆节。把面饼做成圆月的形状，当成节日饼，寓意团圆。

桂花常见的花有三种颜色，乳白、黄、橙红。花虽然小，但是很珍贵，香气非常热烈。尤其是九月，叶子慢慢飘落的时节。

九月是桂花的。

早在一周前我开始吃月饼，基本上当成一日两餐的主食。月饼的寓意，渐渐淡漠，只剩下食而不饥的意味。我们的“花吧行”定在中秋节的前三天，月亮将圆时。这个日子是你提议的。谢谢你送我的生日礼物。谢谢大伙儿。谢谢你的“生日快乐”。这句话伴随我进入梦乡。月亮爬上了桂花树，我们还在树下歌唱。晚风吹来，花瓣散落在我们的头发里，脖颈上。

这一夜，我做了一个月亮梦。一轮很大的月亮从窗外进来，微笑着伸出银色的手指尖儿，从我的脚趾开始一寸寸向上搔爬。我的全身发出银色的光芒，肌肤柔软如绸缎。月亮爬过我的小腿、大腿、小腹、胸脯、脖颈，爬向我的脸、唇、鼻梁、眼睛，之后停在额头，给我一个银色的吻，然后全部覆盖了我……

17岁的生日是我有生以来最难忘的，真正是花好月圆。阿木，我们微距般念想着，彼此不言爱。

桂花小档案：

桂花，又名九里香，学名（拉丁名）*Osmanthus fragrans*。
桂花是木犀科木犀（桂花）属的常绿乔木，因分枝性强且分枝点低，也常呈灌木状。原产中国。

红颗更轻圆——南天竹

春天，南天竹的叶子是绿色的。它的枝干丛生，干是黄褐色的，而幼枝是红色的。与竹相比，南天竹既不青翠、耿直，也不颀长、坚硬。仅仅因为叶子似竹叶而与“竹”字沾边。

夏天，南天竹的小枝顶部簇开圆锥状的花序，接着，裂开白色的小花苞，露出里面黄色的花蕊。花朵很小，不近距离看不容易发现。

秋天，南天竹的叶子逐渐由绿变红。

冬天，南天竹的叶子红透了。曾经绿色的小果摇身一变，成了“红颗更轻圆”的累累硕果。

南天竹是观叶、观花、观果类植物。在四季的变幻中，我最爱它冬天的红叶。高的、矮的，鲜红一片。有一种自焚般的壮烈。

最近，我对小鱼的态度有了改变。为了心爱的人，他熬夜学习，名次提前了多少并不重要，重要的是他为了爱敢于牺牲睡眠。这让我有点感动。听说虞美人对他的态度也有所转变，二人相遇，她不再拿他当空气。

南天竹小档案：

南天竹，又名南天竺，学名（拉丁名）*Nandina domestica*。

南天竹是小檗科南天竹属的常绿灌木。原产中国、日本、朝鲜。

价值小，常常被忽略——糯米条

忍冬科的植物，大都在春季开花。糯米条选择在夏、秋两季。比起同科的植物来，它显得尤其纤细，无论花朵还是枝条，是小了几个码的，这是它叫糯米条的原因。

去年七月，在东区绿地，我邂逅一大片糯米条。现在没有了，那儿已经成了“圈地运动”——正在挖地基，不久，一栋高楼大厦将拔地而起。我喜欢的糯米条正在被一栋高楼大厦所掩埋。掩埋的还有小径、长桥，小树、青草，安谧和欢笑。我想，主管这片地儿的领导一定是个不称职的官——不该挖的植物根系挖走了，不该填的钢筋水泥填来了。

糯米条的小花茂密地开着。春花不复，糯米条是为人们弥补缺欠的，它担心人们在夏天里看不见花，生活会变得很无趣。糯米条的担心是多余的，它不知道，人们已经习惯了只要高楼大厦，而不在乎身边有没有花草。

糯米条小档案：

糯米条，又名茶条树，学名（拉丁名）*Abelia chinensis*。

糯米条是忍冬科六道木属的落叶灌木。原产中国。

你的“堂”，我清洗——大叶黄杨

居住中原，一年四季被粗化为两季——夏季和冬季。每年夏季，各种各样的植物济济一“堂”，在空中披挂绿叶。所行之处，给我盈目之喜。每年冬季，便是无际的空旷，除松、柏外，只有寥寥可数的几种常绿植物慰藉我。大叶黄杨是其中之一。它耐修剪，被园艺工人剪成小鸟状，给我们空旷的“堂”点缀些许生机。道路两旁的大叶黄杨，被剪得整齐划一，有的地方不到半人高。

记得有年夏天，我看见大叶黄杨挂着比黄豆大、比花生小的圆球形的果子，炸焦了似的露出里面的种子。大大惊讶了。我一直以为大叶黄杨叶子大，却不知它结这么小而艳的果子。那种讶然在大脑皮层撞击的痕迹，至今都清晰。

大叶黄杨能够分泌一种挥发性的抗生素，给我们居住的“堂”洗掉细菌和病毒。这是我喜欢它的原因之一。它的另一个名字叫冬青卫矛。因此，有人把大叶黄杨说成是冬青科的，要不就是冬青卫矛这个名字误导了人们——把它归为冬青科。

像大叶黄杨一样，我的人品爆好。

今天下午大课间，两位男生先后向我表白。其中一位，我与他平时交流少，在拒绝他时，我不觉得难受。最难受的是狐狸向我表白。以前，他暗示过我，我以为他空口说着玩的。没有一次当真，我也没有那个空闲。刚刚他说他是真的，爱我很久。我听了，傻了。他憧憬着将来有一天带我去欧洲旅游。我哭。我知道，爱一个人等于自虐。我已经有了你，不会接受他的爱。希望他很快不爱我。

我喜欢大叶黄杨的另一个原因是它虽然没有璀璨的花，却有持之以恒的绿叶覆盖。阿木，等将来有一天，我们住上别墅，你一定要植两棵大叶黄杨。我们不修剪，让它们自然长成小乔木，帮我们清洗空气中的污垢，从一楼到二楼，一路洗了来。

大叶黄杨小档案：

大叶黄杨，又名冬青卫矛、万年青、正木，学名（拉丁名）*Euonymus Japonicus*。大叶黄杨是卫矛科卫矛属的常绿灌木或小乔木。原产日本。

未结黄金果，先开白玉花——枇杷

枇杷是我所识植物中最抽象的名字。“枇”无字义，“杷”无字义，“枇杷”是指植物。换句话说，若不是地球上生长它，恐怕还没有这两汉字。

不能从字面上探求它名字的来历，我是有点小遗憾的。不过，好在古人给我们留下几多枇杷的诗句可以弥补，见其“音容笑貌”。

几只毛茸茸的小鸭在一弯水塘中深入浅出地捉迷藏。树上的梅子天天看小鸭们自导自演的动画片已经腻歪了。梅子们仰脸看太阳。太阳东施效颦，学小鸭们在云层里捉迷藏。张家的园子实在够大。这水塘里的小鸭，那岸上的梅子只是一片小景。在这个不冷不热的天气里，张家主人邀请我等游园，我等心情超爽。我也喝了几杯。从东园出来，有个哥们醉了。西园的枇杷果像金子一样堆在树上，有人把它们摘下来放在盘中，正好可以作酒后的甜点。

这是宋人戴敏《初夏游张园》的诗文大意。原诗浅显易懂——乳鸭池塘水浅深，熟梅天气半晴阴。东园载酒西园醉，摘尽枇杷一树金。

这首诗告诉我们枇杷果的颜色是金黄色。同时告诉我们它成熟的季节，和梅子成熟的季节相近。

另有宋人刘子翚（huī）曾有“万颗金丸缀树稠”的诗句，说的是果实成熟时的形状及其颜色——“金”为金黄色，“丸”为圆形。

还有宋人梅尧臣写作“五月枇杷黄似橘”的诗句。说的是枇杷成熟期在五月。

如果说牡丹在唐代出尽风头，那么到了宋代，就应该属于枇杷了。

比如宋人郭正祥所写“颗颗枇杷味尚酸，北人曾作蕊枝看。未知何物真堪比，正恐飞书寄蜡丸”。说的是枇杷的果肉味道——酸酸的。

宋人陆游的园子里种有杨梅和枇杷，杨梅不结果，唯独成就一树枇杷，“杨梅空有树团团，却是枇杷解满盘。”

陆游有点小惆怅，因为杨梅辜负他一片栽培心，还好，枇杷已经摘了满满一盘。不对呀。杨梅的花期是3～4月，果期是6～7月。杨梅不该空无一果啊。除非是新嫁接的。新栽杨梅三年内不会挂果。

我最喜欢宋人欧阳修的诗句。

据说，某秀才自觉文如锦绣，诗如莲花。只有欧阳修能与自己相提并论。于是，秀才找欧阳修对诗。欧阳修不在家。秀才转身走不远，遇见陌生人前来盘问，就说明缘由。陌生人说，你先胜了我，再去找他也不迟。秀才说，好。陌生人指着身旁的枇杷树说，以此树为题，你出上句。秀才说，一棵枇杷树，两个大丫杈。陌生人说，未结黄金果，先开白玉花。这个陌生人正是欧阳修。

这两句说的是枇杷在秋天开花，而非秋天结果。同时，形象地概括了它花如白玉，果似黄金。

1787年，英国人把从广东引种的枇杷树种植在英国皇家植物园，其英文名为Loquat，是从枇杷的别名卢橘音译而成，可见“卢橘”一词，出自广州话。

金秋十月，正是其他树木果实累累的季节，枇杷却步入了花期。

十月是枇杷的。

枇杷小档案：

枇杷，又名卢桔，学名（拉丁名）*Eriobotrya Japonica*。

枇杷是蔷薇科枇杷属的常绿小乔木。原产中国。

一错到底——悬铃木

十月的“花吧行”，我们在一棵悬铃木下。

这几天，我很郁闷。小鱼的妈妈非要小鱼介绍平时跟他关系好的女生不可，小鱼无奈，就让他妈妈看照片，结果他妈妈发现一张蘑菇、老狼、我与你四个人的合影。小鱼指着我对他妈妈说这是任久久，然后指着你说这是任久久喜欢的男生。他妈妈说现在的女生怎么能这样啊，怎么可以主动表白呢……这件事特打击我。无独有偶，蘑菇的爸爸妈妈也说过类似的话。只有我爸爸妈妈还蒙在鼓里。家长们都这么封建！还让人活不了。我爱你，喜欢你，不就主动了一点点嘛！

到了约定地点，我才知道豌豆来不了。我不知道她为什么没有来。反正我是高兴的。我的郁闷被贼偷了了，追不回来了。

悬铃木的小球球像风中的铃铛，挂在褐色的树枝上。

看到它们，我“潜移默化”地想起一个画面：一双脚在落叶间滑行，叶子如水面的浪花向两边掀开。心中快乐时，脚像滑板，把叶子掀得飞溅；心事重重时，脚像漂泊的船只，踯躅摇摆。

我欢畅地讲着我小时候的事。每到十月，爱美的我喜欢穿裙子，独自穿梭在家门前的悬铃木下。一双脚小船似的在黄叶间划过来划过去。

我打小认为地球上的任何生命都有灵魂。悬铃木也不例外。它灰绿色或灰白色的粗壮树干支撑着上面小树干一样粗的枝条和葳蕤的绿叶。剥落的树皮堆在地上。也许最初活在地球上时，它的树皮是不脱落的，后来因为劳累，汗珠被风干，一见风就脱落了。可以想象它从祖先时代起，如何适应环境成为适者——生存到现在。

为了使生活更有情调，悬铃木在掌状的叶子下面悬垂一个个小球球。生活是平凡的，但它知道有人看到小球球会开心。

我常常偎着一棵悬铃木，以我的灵魂向它的灵魂说话。

悬铃木就是你说的法梧桐，这是一种错误说法。在悬铃木这个通用名下，树上的球球决定了它的俗名。柄上只有1球的叫美梧桐，有1～3球的叫英梧桐，有3～7球的才叫法梧桐。抬头看树，有的是一个，有的是三个，更多的是一串两个。

我们城市的悬铃木，仔细清点，应该是英梧桐。各地有将英梧桐误叫法梧桐的。长久以来，人们习惯这种叫法。这个错误何至于“根深蒂固”？追究起来，略知一二。

一球悬铃木原产美国，三球悬铃木（每柄有3～7球）原产欧洲和西亚，二球悬铃木（英梧桐）是一球悬铃木（美梧桐）和三球悬铃木（法梧桐）杂交培育而成。20世纪初，二球悬铃木首先在上海的法租界大量栽培，因为它与中国土著植物梧桐的叶子相似，因此命名为“法梧桐”。后来，人们疏于清点树上的果实，干脆将错就错，一错到底地统称为“法梧桐”。

你接听一个电话，然后义无反顾地走了。你的背影渐行渐远。凭直觉，我认为这个电话跟豌豆有关。问你出了什么事，连发两条短信，你一如既往地不回复。我想，当初发明移动电话的那老几就是为了有一天，有个女孩发短信，有个男孩不回复吧。

悬铃木不存私心和欲念地爱我。我忧伤时，它摇动小铃铛，逗我直至莞尔。我哭泣时，它伸出大大的绿叶冲我摆手，劝我打起精神。我快乐时，它把绿叶染成金黄，陪我走过一段灿烂时光。我幸福时，它退尽一身繁华而隐蔽，从不打扰我。

我爱悬铃木，爱它的相伴，也爱它留给我的孤单。

悬铃木三月开花，八月结果，因为树干极其挺拔雄伟，枝繁叶茂，有“行道树之王”之称。在我们城市的大街小巷都有悬铃木。这就不难理解每当叶落时节，一个怀揣朦胧情愫的小人，在夕阳西下，戏叶独行。

你走后，大家散了。我以拍照为由留下来。又是夕阳西下，又是戏叶独行。我不明白，你喜欢我为什么不理睬我。这到底是什么原因呢。

看到你匆匆赶来，我突然想起你的手表戴在悬铃木的一截树枝上。

我发誓，今天，你告诉我的一切我不告诉第二人。

悬铃木小档案：

悬铃木，又名二球悬铃木、法梧桐，学名（拉丁名）*Platanus acerifolia*。悬铃木是悬铃木科悬铃木属的落叶乔木。原产英国。

星星之火，可以燎树——火炬树

最先认识火炬树是在森林公园。我们居住的地球超级可爱。各种各样的植物以其独特的形态“装饰”着我们的家园。这是我第一眼看到火炬树时想到的。

一把红色的果实向上高举，好似一把燃着的火炬，在万叶丛中脱颖而出，特醒目。看到这别具一格的植物，我总是要笑的。笑得很傻，很旁若无人。我给火炬树打了一百分。

火炬树在植物学上分类也“节俭”，几乎单门独户，它是漆树科漆树属的落叶小乔木。不像蔷薇科、菊科什么的，同科不同属的貌似植物多得像流沙河面的细沙，——除了沙僧，没人敢鉴赏。

秋天的时候，树上的火炬把整棵树叶燃着，远远望去，一片红红的火海，极为壮观。我愕然。这一景象，我不知又该给它多少分。

阿木，我不再要求你回复我。我决定帮你。

周日，我让我妈网购三本书。我妈问我怎么想起来看这类书。我说我要帮一个人。我妈说我泥菩萨过河自身难保，别瞎折腾，好好学习吧。我一听跟她急了。事先说好她最多只有沉默权，不能提反对意见的。我妈自知理亏说，我担心影响你学习，影响你高考。我说我认识的很多同学从小学、初中、高中12年来只有一个理想，就是考大学，一旦考上大学，什么理想都没有了。

说起这个，我的谈话欲一下子弹出来。我说这不是中国教育的悲哀吗。而我的理想不管有没有考上大学，都得努力实现。大学只是我实现理想的桥梁，并非人生的终极目标。就说现在，我们班上的前40名的都过了一本录取分数线，按照往年的惯例。我问我妈还担心什么。我说我最差才20名吧。听我说完这番话，我那位书斋式的妈妈哑口无言。

火炬树小档案：

火炬树，又名火炬漆，学名（拉丁名）*Rhus typhina*。

火炬树是漆树科漆树属的落叶小乔木。原产北美洲。

十一月，花朵不关春天事

一朵花
匍匐了十个月
爬到树上

一场拥抱
飞奔了三百天
跑到终点

巫师说：它死亡
它死亡了
巫师说：另一个它出生
另一个它出生了
巫师说：他伤悲
他看到了死亡
巫师说：她欢欣
她看到了出生

十二月，巫师主宰万千物

雪来不来，是雪的事——雪松

从字面上看，雪松跟雪有关。雪与松有着怎样的关系。到了下雪天，你就会一目了然。漫天的雪花自上而下飞扬，密集的松针承载了它。在冬季，密集的不掉叶的常绿树木也有，比如柏树，为什么不称为雪柏？柏树不是照样可以承载雪花吗？

这还得从树枝说起。一般来说，其他树木的侧枝斜向上生长，雪松的侧枝是横向延伸，而且侧枝上的小枝柔软下垂。这样以来，一场雪后，雪松的臂膀上坐满了白白的雪花。雪花看上去是无力的，轻灵而纯净。雪松喜欢得要命。

在雪松看来，地面是污垢的、肮脏的。在它高大的主干上，横生着与地面平行的侧枝，以便拥抱住轻盈而纯净的雪。雪松是多情的。有时候，一年都见不到一瓣雪花，但它还是随时做好了拥抱的姿态。雪松说，雪来不来，是雪的事，但我仍然迎着它，是我的事。

这个月，我们的“花吧行”选在远离市区的雪松林地。先是席地而坐，每人都贪婪地吸纳着新鲜的氧气。仰望蓝蓝的天空，心里洁净了许多。后来老狼提议，我们一人一棵雪松，一刻钟后，大家聚在这棵雪松下，把方才想的什么写出来，放在一起，一张张地念。我们全票通过。一刻钟后，我们回到这棵雪松下。瓶盖以为是口头发言，抢先说，我刚才想豌豆……大家哄笑。瓶盖呓呓怔怔地说笑什么，真的，句句属实……豌豆笑得要岔了气，抱着树干。老狼惊讶地说树上有虫。豌豆转身扑到我怀中，我顺势搂抱了她。

我发现豌豆是个单纯、可爱的女孩。

今天大课间，我跟她谈了你。我把憋了一年的心里话都给她说了。我说我爱你。我抱怨说你一条短信都没有回我。我说除了班里的事儿，你从不主动答理我。我说你鄙视我。我说小鱼妈妈鄙视我。我说蘑菇爸妈鄙视我。我说他们鄙视我一个女孩子怎么能够主动表白呢。我说尽管如此，我仍然爱你。豌豆惊讶地听着。

我恳请豌豆帮忙，因为你们从小学就认识，又是好朋友。我说如果你再不回我，我就要崩溃了。豌豆毕竟是豌豆，她平静地说你是一个有责任感的男孩。我央求豌豆帮忙。我说在咱们学校，高中之前认识你的只有豌豆自己。豌豆有点难为情，还没来得及表态，瓶盖问她借小订书机。我走了。

每年10～11月，是雪松的花期。而第一场雪花飞舞通常在十一月的某天，在油绿的针叶和洁白的雪花之间，立着一排排棕色的圆柱形的花，像机灵的小松鼠安然地窥视着。

十一月是雪松的。

雪松小档案：

雪松，又名喜马拉雅雪松，学名（拉丁名）*Cedrus deodara*。雪松是松科雪松属的常绿大乔木。原产喜马拉雅山地区。

无需多言语，一直在身边——富贵竹

富贵竹是“移民”到中国来的植物。大约在20世纪80年代后期。

说起我的富贵竹，免不了要窃喜一下。它是我在路上收养的——茎部平剪，水培中。放在我的花瓶里，不多日，它竟长出了根系。便觉得这根系与我息息相关，情感与日俱增。

富贵竹的叶恰似青青的竹叶，但比竹叶短。因短而略显得肥美。富贵竹的茎干，似眉毛长挽一个节，节节相连，颇有几分“竹模竹样”。根是须状，黄白色，有一中指长。过了些日子，水中的根须呈棕红色，像是特意染烫过的。

把它放在客厅，我基本上没怎么打理。十天半月，忽然想起来换一次水。阳光很难照射到它。也没有用什么营养液。

这会儿有点感动。蓦然回首，人家一直在身边，一句话不说，什么要求都不提，只是尽职尽责地活着。

我又嘱托我妈网购两本书。她说等那三本看完再购。我说已经看完了。我妈问我咋看的，这么快！我说我用下午大课间、午睡前、晚自习后的时间看的。她说晚自习后的那点时间不是很少吗。我说我五天没有洗脸。她惊讶地像是见了外星人。我赶忙说五天晚上没有洗脸，还有五天晚饭没有去食堂，都是蘑菇帮我带包子。我妈说我甭饿坏了。我说我为家庭做贡献，既省了钱，又省了时间。

说起蘑菇，我妈忽然想起她关注的连续剧还没有打出END，就问蘑菇现在怎么样。我说挺好的呀，失恋不是什么天大的事，谁离了谁都过的好好的。我妈说我旁观者清。我说这是蘑菇的原话，她对小鱼的感觉越来越淡。

富贵竹小档案：

富贵竹，又名绿叶仙达龙血树、万年竹，学名（拉丁名）*Dracaena sanderiana*。
富贵竹是龙舌兰科龙血树属的常绿灌木。原产非洲西部的喀麦隆及刚果一带。

叶不落，香永存——樟树

以往，每认识一种新植物，我都很兴奋。上周末不是兴奋，是高兴。

在春天到来之前，当我撞到这棵不落叶的樟树时，心里就是这种感觉。或许，我认知它时，掺杂了别的意念在里面，因而兴奋减少了。那么，我掺杂了什么在脑海里？是你。我要把你写进去。这种喧宾夺主的布局，更改了以往认知植物的程序。通常，得知名字与实物相吻合时，我会惊讶地说，呀，这就是樟树！

课间，我和豌豆临窗远眺。我让她稍等片刻。几分钟后，我回来对她说，闭上眼睛。我把手放在她的鼻息下问她什么味道。她闻了一下说是香水吗。我说不是。她说是草吗。我说接近了。她睁眼看到两片绿叶，一片揉碎了，另一片是完整的。我告诉她这是樟树叶。她很新奇。我指着玻璃外面说这棵就是樟树，也叫香樟树。

樟树是常绿乔木。在层峦叠嶂的绿叶管辖范围内，它喷洒了淡淡的香气。大多数植物都是在花期散发香气，樟树例外。一棵樟树占领的空间比人大，占领的时间比人长。人活不过一棵樟树。樟树比我们更懂得时空究竟是什么。因为千年古樟不稀罕，人过百岁却稀少。我妈偷偷用食指转动一下地球，夸张地感叹时间过得真快。她说时间很珍贵，让我抓紧学习。的确，我们的时间变得越来越珍贵。

阿木，我越来越发现你很善良。我给你发送一条短信。你仍然没有回我。

老狼说男孩和女孩不一样，男孩爱一个女孩，是不会轻易表白的。

男孩每时每刻把爱的女孩放在心里，希望他的女孩每时每刻开心。老狼说他了解你。老狼说你就是这样的好男孩。

我不再胡思乱想。在我们相识的每一天里，我们要温和相待。一周前，我采下的还在风前点头微笑的绿叶，现在僵缩成一小片灰骸。时间如此无情而刻薄。亲爱的阿木，从这棵樟树起，我永远不和你生气，或者让我生气的事情会变得越来越少，乃至约等于零。不是我超拔，而是明白了——我深知我们活不过这棵樟树。时间会让你我变得沧桑，终有一天，在永远年青的时间面前，我们无声地垂下了头。

活了千年的樟树，有一个难题始终未决，那就是相思。每当星稀的夜晚，它举头静思：当一棵樟树想念另一棵樟树的时候，那棵樟树立即来到眼前，该多好。

樟树小档案：

樟树，又名香樟树，学名（拉丁名）*Cinnamomum camphora*。樟树是樟科樟属的常绿乔木。原产中国、日本。

因为倾听，红遍天下—— 一品红

品红是比大红较浅的红色。这是从色彩上说的；一品在古代是指官职，相当于现在的国务院总理。一品红这个名字决定了这种植物是红色，而且相当于国务院总理职务的应该不是小草什么的。往少了说，也得是灌木吧。

没错，一品红是灌木，四季不落叶的灌木。但凡以观叶为主的植物，你留心了，大都是叶子比较有特色。花比叶子逊色得多——要么是接近叶子的颜色，要么是小到可以忽略不计的程度。一品红的叶子大方、鲜红，给人喜庆之感，所以倍受青睐。单位门前，会议桌上，贵宾接待室，都少不了它。

话说一品红经常参加会议，大到集团之间的外交会晤，小到一个人的私语。它见识了形形色色的人。

比如演艺界的红人。连他所到的地儿和人都陪衬出他的红，他的每个表情都是经典，每句话都是语录。只要开口，大家均得点头称是。所有嘴巴都是红人的嘴巴。一般来说，红人都是先从嘴唇开始的。

比如一个人的私语。这个人不仅独揽了话语权，还包揽了倾听权。一个人很纠结，很无趣地边说，边听。

比如两个人的静默。面对无人的田野，空荡的教室，两个人无语倾听。——你听我的思，我听你的想。无需一个字，彼此都倾听到了。

阿木，我们是两个人的静默。这个月的“花吧行”，你和豌豆缺席。我忐忑不安。我希望看到你。虽然你在场和你不在场几乎一样，我们是很少说话的。但你在场，终究是不一样的。你能听到我的思，我能听到你的想，然后相视一笑。我们不言爱。我们听到的要比这个字多得多。

一品红的叶子像人的红唇，也就是“口”字。口多了，就成了品。但它的红不是因为讲话，而是因为倾听。

早先植物们开会，一品红坐在主席台上，拥有至高的话语权。其他植物只有倾听权。仿佛人们的会议——所有嘴巴都是红人的嘴巴。于是，一品红主动放弃了话语权。绿萝呀，春羽呀，袖珍椰子呀等发表自己的意见，每种植物的立脚点不同，生活习性不同，对世界的看法也不同。一品红坐在主席台上“被观众”了，因而红遍天下。

一品红的花朵很小，它开放在万物隐蔽的冬眠期。

十二月是一品红的。

一品红小档案：

一品红，又名圣诞花、猩猩木，学名（拉丁名）*Euphorbia pulcherrima*。

一品红是大戟科大戟属的灌木。原产墨西哥及中美洲。

冬天里的一盏温暖——金盏菊

给金盏菊拍过多次了。它小巧可爱，不畏寒冷，在万物凋零的季节，让人眼睛一亮，心中平添几多温暖。我爱它。我能忆起好几个拍它的场景。不是有小朋友在，就是有蜜蜂在。金盏菊给我的快乐和惊喜，让徒步而疲惫的我顿感轻松。我感谢它如此愉悦我。

也许是它感动了我，也许是我感动了它。每次见到金盏菊，我的情感都潮水般涌现。在我认识的和写过的植物中，金盏菊是离我的心最近的一棵。不知是它凸显了我内心的情感，还是我透视了它内心的情感，抑或物我同化了吧。

我的博客是写给你一个人看的。每篇博文都是写给你的情书。除了我自己，没有第二人知道，包括你。在你还没有阅读之前，我先让豌豆读了。

阿木，无论我的爱多么曲折，我坚信这一切都值得。我爱你。永不后悔。我越来越认可老狼说的话——如果爱只是为了换来回爱，就不是真爱。

豌豆读完了我的所有博文。她问你知道吗。我说你不知道。我问她帮我了吗。她说没有。她说你爱谁是你的事儿，别人是帮不上忙的。

听到这句话，我要哭了。我说她说的对。我说你根本不爱我。我说你若爱我就不会不理我。我说你爱谁是谁我不再伤心，但我仍然爱你，我不再渴望换来你的回爱。豌豆摇头说也许你是爱我的。

豌豆说也许你太善良，不愿意伤害另一个女孩。豌豆说听完一个故事，我就会明白的。

于是，我又听了一遍这个故事：

有个女孩三岁时，她的同胞哥哥得了白血病。父母把所有的爱给了哥哥。他们把小女孩交给姥姥。姥姥是这个世界上唯一爱她的人。姥姥满足她的一切要求。五岁时，哥哥死了。父母把对哥哥的爱全部转移到她身上。父母尽量满足她的一切愿望，甚至是无理要求。她变得越来越任性。三岁至五岁之间，她已经够任性了。有一次，她心爱的玩具丢了，她割腕自杀，把姥姥吓得晕过去。小学三年级，姥姥死了。她最心爱的姥姥离开了她，为此，她又割腕了一次，把父母吓得魂都丢了。初中时，她暗恋很久的男生喜欢了别的女孩，她觉得最心爱的东西丢了，她又割腕了一次。后来，这男孩和她考上同一所重点中学，又分到同一个班，他心有余悸，再也不敢喜欢别的女孩。是这女孩吓着了他。原本，他可以不在乎这个女孩的死活，可他是个善良的、有责任感的好人。好人应该有好报的。

最后，豌豆说这个女孩要向男孩道歉，她以后再不干傻事儿了。

听完这个故事，我哭了——喜极而泣。

阿木，我爱你，不求回爱。你爱谁是你的事儿。

金盏菊小档案：

金盏菊，又名金盏花、黄金盏、长生菊、醒酒花，学名（拉丁名）*Calendula officinalis*。金盏菊是菊科金盏花属的一、二年生草本植物。原产地中海至伊朗。

爱情在别处——沙漠玫瑰

植物离不开水。在无水的干旱地区比如沙漠，植物是怎样生长的？我把它们分为两种：一种是速配生子，它一旦遇到雨，当天开花、结果，并留下种子，等待下一场雨水降临；另一种是深藏不露，它秘密储藏水分，伶俐地发展自己的枝叶，继续生存。有时候，植物比人都聪明呢。

沙漠玫瑰就是在几近无水的沙漠地儿生长的植物，因花朵似玫瑰而得名。

今天，我看完了蘑菇推荐的漫画。然后，就爱情这个话题，蘑菇发表了一通长篇大论。

蘑菇说不能恒久的爱情，只能看做路上的风景。蘑菇说傻傻的爱一个人，还不如一门心思爱漫画。蘑菇说爱情是一种病，我们每个人都想得。一旦得上，又想痊愈。

是这样吗？爱情充满了变数。能够称之为恒久的爱情什么时候到，谁也不清楚，比如我和你。

昨天，我读了卡夫卡与朵拉的爱情故事。写在这里，与你共享。

19岁的朵拉爱上39岁的卡夫卡。在爱情面前，年龄差距、贫富之分，甚至健康状况都不是障碍。只有爱情才是爱情的障碍。朵拉面对一个大她20岁的男人，而且这男人既不富裕又不健康，但是朵拉全身心爱着。相爱是甜美的。然而朵拉并不感到幸福。因为卡夫卡经常给另一个神秘的女人写信。这让朵拉很不开心。那个隐形女人生活在他们中间。卡夫卡与神秘女人的爱情就成了朵拉与卡夫卡的爱情障碍。

卡夫卡给那个女人写信，而对方没有一次回信。临离世的那天，卡夫卡让朵拉发送两封信，一封是卡夫卡父亲的，另一封是让朵拉仇恨在心的那个女人的。她还没有把信送到邮局，就传来卡夫卡即将咽气的消息。卡夫卡死后一个月，朵拉亲自送信。她要面见这个从不关心卡夫卡的身体，也从不回信的无情女人。等朵拉见到收信人时，仇恨被巨大的遗憾所替代。眼前的情敌是卡夫卡在公园相遇的，因丢失了布娃娃而哭啼的小女孩。卡夫卡写给她的信，是关于布娃娃丢失后的故事。朵拉不忍心告诉小女孩真相，接着为布娃娃续了六封信。

在卡夫卡沙漠般的情感历程中，朵拉无疑是一只鲜艳的玫瑰。

沙漠玫瑰的花期很长，几乎全年开花，但以5～12月为主。

每到岁末，沙漠玫瑰不仅绿叶常青，而且绽放红花，给人璀璨的希望，仿佛暗夜中的星。

沙漠玫瑰小档案：

沙漠玫瑰，又名天宝花、沙漠蔷薇，学名（拉丁名）*Adenium obesum*。
沙漠玫瑰是夹竹桃科沙漠蔷薇属的常绿灌木或小乔木。原产非洲东部至阿拉伯半岛南部；生长于热带干旱地区。

太阳每天都死亡——棕榈树

棕榈树的叶子长在树干的顶部，叶柄长长的，叶子扇面支开，像巨大的手掌在召唤。它在召唤谁呢？它在召唤新的太阳出生。

昨天的太阳已经死亡。为了把今天的太阳召唤出来，棕榈树在夜里养精蓄锐，不生长一根枝杈；在黎明前吮吸地气，召唤太阳。它相信它的召唤是有力量的。其力量体现在敦实的树干上。棕榈树的树干别具一格，首先，颜色是棕色的；其次，树皮仿佛不是生长的，而是被一层层裹上去的。这是它又名棕树的原因。

都过去一个月了，我妈才反应过来。她说有理想固然好，但不能仇视名牌大学。我说我有吗，考上名牌大学当然好啦，我可以接触到更先进的实验设备，阅读到更多的书籍，这样更有利于我的理想实现。我从来没有仇视过清华、北大呀。我妈弱弱地问我理想是什么。我说先保密吧。为了不让书斋式的她担心，我说放心好了，我的理想不丢人。

元旦马上到了，咱们班举行元旦晚会。虞美人是主持人。真没想到她别出心裁地导演了这出戏。你们两人一组站在场地中央，并成五列。五条等长的线绳在你们手中，高低不等。我和豌豆的眼睛被蒙上。在同学们的“抬脚、弯腰”的声援中，我们冲出了这五条封锁线。然后，主持人让我和豌豆转身，凭着记忆走回去。教室里安静极了，没有声援。我们凭记忆“抬脚、弯腰”地走了一趟。等我们扯去罩眼物，这才发现场地上空无一物。我们凭记忆在空无一物的场地上走了一遭。

豌豆说我们的记忆是准确的，现实改变了。我说太阳每天都死亡，我们不能活在昨天的记忆里。

棕榈树小档案：

棕榈树，又名棕树、山棕，学名（拉丁名）*Trachycarpus fortunei*。
棕榈树是棕榈科棕榈属的常绿乔木。原产中国、缅甸、日本。

蜡梅

绿萼梅

迎春

桃

连翘

二乔玉兰

紫玉兰

白玉兰

丁香

杏

紫花地丁

二月兰

紫荆

垂丝海棠

榆钱

牡丹

樱花

泡桐

毛地黄

构树

绿玉菊

猬实

芍药

黄栌

月季

车前草

地黄

活血丹

荷包牡丹

蓝猪耳

楝树

合欢

梧桐

三角枫

茉莉

睡莲

大叶女贞

金丝桃

栾树

七叶树

国槐

洋槐

荆条

珍珠梅

桔梗

白背叶

凤尾兰

孔雀草

凤眼莲

柽柳

红花酢浆草

紫薇

海州常山

青锁龙

木芙蓉

大花美人蕉

茑萝

桂花

南天竹

糯米条

大叶黄杨

枇杷

悬铃木

火炬树

雪松

富贵竹

樟树

一品红

金盏菊

沙漠玫瑰

棕榈